美丽的蝴蝶

浩瀚宇宙

蚂蚁和白蚁

野生动物

蜜蜂和胡蜂

潜水的魅力

狼的故事

奇趣萌宠

鸟类不简单

显微镜探秘

古老的城堡

古老的希腊文明

古罗马生活

欧洲风情

骑士时代

神秘的古埃及

伟大的探险家

未来世界

舞动的音符

印第安人

蛇的故事

化石档案

舞蹈的魅力

马的生活

极地世界

考古探秘

大象王国

神秘的蜘蛛

奇妙的昆虫

熊的秘密生活

未完待续……

珍藏版

德国少年儿童百科知识全书

伟大的探险家

跟随他们的脚步，探索全世界

[德] 卡琳·菲南/著　谭　渊　刘梦奇/译

航空工业出版社

方便区分出
不同的主题!

真相大搜查

腓尼基人驾驶他们的商船
行驶了很远,到达了非洲。

12
"红发"埃里克
不敢相信他的
眼睛,他发现
了格陵兰岛!

4 真正的探险家

▶ 4 博尔格·奥斯兰的南北极之旅
▶ 6 环球大探险
  8 历史中的征程
▶ 10 用头脑打开的新世界
▶ 11 远航探索的新发现

12 黑暗的中世纪

  12 维京人在美洲
  14 基督教对世界的简单认知
  15 阿拉伯和中国的探险家
▶ 16 马可·波罗
  18 寻找直接通往亚洲的路线

20 地理大发现时代——向新世界进发

  20 葡萄牙的先驱们
  22 哥伦布和新大陆
  24 环游世界第一人——费迪南德·麦哲伦
▶ 26 导航——寻找正确的路线
  28 北美的探险家
  29 探险意味着眼界的拓宽

符号▶代表内容特别有趣!

22
克里斯托弗·哥伦布并没有如他期盼
的那样抵达印度,他到达的是美洲。

30 为获取知识而冒险

30 大自然和地球的奥秘
32 詹姆斯·库克——南太平洋的探索者
▶ 34 采访亚历山大·冯·洪堡
▶ 36 贴近自然的原貌
38 从密苏里河到太平洋

一只红吼猴（洪堡称它为咆哮的猴子）正在进食。当然啦，它在这时候没法吼叫。

36

32

如今属于澳大利亚悉尼的植物学湾，有许多色彩绚丽的鸟类。

47

是什么在那里游动？深海世界还期待着了不起的探险家的到来。

第一个到达南极！罗阿尔德·阿蒙森和他的雪橇犬自豪地站在挪威国旗前合影。

45

40 从殖民时代到今天

40 探索未知的非洲大陆
42 大卫·利文斯通的考察探险
44 创纪录的北极之旅
45 征服南极的竞赛
▶ 46 极限探险

48 名词解释 ◀ 重要名词解释！

博尔格·奥斯兰的南北极之旅

第九天："南极历史上非常棒的一天——温度在 10~12℃ 之间，阳光明媚，全天没有一丝风。我们可要好好利用这好天气！在八个半小时里，我们前进了 28.3 千米，沿途遇到了很多棱角尖利的雪脊（雪地中一种因风力而形成的坚硬沟纹）。太好了，我们可以在能见度这么好的时候穿越南极。"

——考察日志，2014 年 11 月 24 日

尽管有了卫星定位系统，但为了找到正确的航线，纸质地图仍然是必不可少的工具。

前面有冰山！站在船舷外的人必须要用绳索将自己紧紧系住。如果落入冰冷的海水中，几乎没有幸存的机会。

来自挪威的博尔格·奥斯兰在博客中记录了他从南极地区北部边缘向南极极点进发的旅程。追踪这位"南极奔跑者"的博客，我们就可以每天了解到他此次南极之旅的进程。不过早在他到达南极的 100 多年前，探险家罗阿尔德·阿蒙森就已经抵达过南极。但在追随伟大极地探险家的脚步时，奥斯兰依然能创造出新的纪录。

北极的夏天

在 2010 年的时候，奥斯兰突然萌生了一个想法：在一个夏天内穿越北极的东北和西北航道。全球气候变暖使得这个计划成为可能。因为随着冰川的融化，极地地区的冰盖也会逐渐消失。博尔格·奥斯兰和他的团队想要借这个机会让人们了解全球变暖对北极生态的影响。

乘船出发

这支考察队于 2010 年 7 月 28 日从俄罗斯的摩尔曼斯克向遥远而寒冷的巴伦支海进发。他们的帆船"北方航道号"是一艘由三个船体组成的三体船，这种船能在水上十分平稳地航行。很快，他们的

博尔格·奥斯兰在挪威当了 9 年的潜水员。1994 年，他一个人徒步 52 天，从西伯利亚北部抵达了北极。

北方航道号

船就碰到了冰障，但是跟 100 多年前极地探险家们所遇到的冰山相比，现在这些只能算是薄薄的浮冰。但是，在这片辽阔的大海上航行依然危险重重，因为海面上雾气很重，在这种情况下，船员很难看清海上的浮冰。西伯利亚的北海岸似乎无边无际，海面上时而狂风骤雨，时而风平浪静。他们沿途见到了海豹、海鸟、北极熊和鲸。对动物来说，冰障既是它们的交通工具，又是它们的栖息之所，而且它们主要的食物——褐虾——就在这里生长繁衍。这些探险者亲眼见证了冰山融化如何威胁北极动物的生存。

三体船的船体由聚酯制成。这种塑料材料既轻便又结实。

北极圈上的险阻

　　博尔格·奥斯兰一行人于 2010 年 9 月 5 日抵达阿拉斯加海岸的巴罗角，从这里开始了穿越西北航道的艰难旅程。此处浮冰之间的间隙很小，在其中穿行的难度要远高于在东海岸。而且现在已是 9 月，夜晚变得越来越长。北极的冬天即将来临。为了尽快抵达目的地，他们不得不 24 小时不停地航行。夜间也会有人值班，拿着手电筒，站在甲板上，警惕地观察着浮冰。这真是艰苦的工作。但是到 9 月 25 日，他们终于看到了胜利的曙光，抵达了加拿大的庞德湾，这里距挪威还有 5 000 千米。接着，他们又渡过了波涛汹涌的巴芬湾，穿过了风暴肆虐的北大西洋。于 10 月 23 日，博尔格·奥斯兰、托尔莱夫·托若夫森和文森特·科力亚尔平安抵达了奥斯陆峡湾。

北美洲地区风平浪静的洋面：无风的时候，探险队会借助一个小型辅助发动机航行。他们可没有时间浪费。

环球
大探险

北冰洋

亨利·哈得孙

亨利·哈得孙是一位英国航海家，曾探寻过通往中国的西北航道。他发现了位于今天加拿大的一个海湾。如今，这个海湾以他的名字"哈得孙"命名。

北美洲

太平洋

大西洋

布拉塔利德

普利茅斯 · 伦敦
欧洲
· 威尼斯
特拉比松
的黎波里 · 开罗
佛得角
迈尔祖格
巴格
通布图
麦加
塞古
非洲

克里斯托弗·哥伦布

来自热那亚的航海家哥伦布坚信，从西班牙出发，一直向西航行就可以到达东亚地区。最终，他发现了美洲大陆。

巴加莫约

克利马内

南美洲

开普敦

好望角

瓦斯科·达·伽马

当时所有的欧洲王室都梦想能找到通往印度的航路。最终，这位葡萄牙航海家成功找到了它。他绕过非洲大陆，横渡印度洋，最终抵达了印度卡利卡特。

合恩角

伊本·拔图塔

在到麦加朝圣之后，拔图塔又踏上了一段长达12 000千米、穿越亚洲和非洲的旅程。他一生中有近30年的时间都在路上。

马可·波罗

马可·波罗的父亲尼科洛和叔叔马费奥都是威尼斯的珠宝商。他跟随他们游历了中东，包括今天的伊朗、阿富汗、巴基斯坦等地，以及中国。

亚洲

北京

南京

泉州

卡利卡特

太平洋

夏威夷

印度洋

赤 道

新几内亚岛

约克角

塔希提岛

澳大利亚

新西兰

白令海峡

赤道将地球分为南北两个半球。赤道所在的纬度为0度。所有纬线都与赤道平行。

莱夫·埃里克松（约1000）

马可·波罗（1271—1295）

伊本·拔图塔（第一次旅行：1325—1332）

郑和（1405—1433，共七次旅行）

克里斯托弗·哥伦布（第一次旅行：1492—1493）

瓦斯科·达·伽马（1497—1498）

费迪南德·麦哲伦（1519—1521）

亨利·哈得孙（1610—1611）

詹姆斯·库克（第一次旅行：1768—1771）

蒙戈·帕克（1795—1797）

梅里韦瑟·刘易斯和威廉·克拉克（1804—1806）

海因里希·巴尔特（1850—1855）

大卫·利文斯通（1853—1856）

理查德·弗朗西斯·伯顿和约翰·汉宁·斯皮克（1857—1858）

詹姆斯·库克

库克在三次太平洋之旅中发现了许多新的岛屿，同时也证实了南方大陆并不存在，以及西北航道无法通航。

费迪南德·麦哲伦

麦哲伦率领他的船队首次完成了环球航行。但不幸的是，1521年，就在这次旅行快要结束的时候，他死在了菲律宾的一个岛屿上。麦哲伦死后，一位名叫胡安·塞巴斯蒂安·德尔·卡诺的船长率领仅剩的一艘船回到西班牙，完成了这次环球旅行。

历史中的征程

太平洋上的巨浪。波利尼西亚人的船只即使在波涛汹涌的
大海上也不会轻易倾覆。

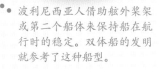

波利尼西亚人借助舷外桨架
或第二个船体来保持船在航
行时的稳定。双体船的发明
就参考了这种船型。

大约 42 000 年前，人类第一次移居
到了今天俄罗斯所在的地区。

人类历史上最早的探险之旅大约发生在 125 000 年之前。但是关于这次探险的具体情况，我们知之甚少，因为现在已经很难能找到远古时代遗留下的痕迹了。

寻找适宜生存的环境

据考古学家和人类学家考证：世界上最早的人类生活在非洲。同时，他们找到了早期人类的骨头和工具，这些人曾在 5 万至 10 万年前向北迁徙，这也表明他们是世界上最早的探险家。他们可能是为了寻找一个水源更丰富、土壤更肥沃的地区。在数万年的时间里，人类（当时已进化为智人）移居到了地球上的各个大洲。智人拥有更大的脑容量，并且发明了有用的工具。

作为可以直立行走的人类，他们不仅走得远，看得也很远。这些都是他们能够顺利进行长途迁徙的前提条件。

人类是怎样到达澳大利亚的？

木筏、充气皮筏、木船都是探险所离不开的水上交通工具。在冰川时期，水都结成了冰，覆盖了北半球的大陆，这导致海平面下降。一些今天又深又危险的海峡在四五万年前却是又浅又窄，所以人们乘着木筏和小船就可以轻松渡过。昔日的澳大利亚就是如此：那时，印度尼西亚和澳大利亚之间的海洋只有约 70 千米宽。想要划船通过这样一段距离并不轻松，但也不是不可能。就这样，最早的人类抵达了澳大利亚，移居到了这个干燥而炎热的大陆的沿海地区。

冰川时期的房屋是由兽皮、骨头和木头搭成的。

➡ 纪录
130 米

在最后一次冰川时期，海平面要比今天低130米！

浩瀚大海上的波利尼西亚人先驱

　　波利尼西亚人住在澳大利亚以东，以夏威夷岛、复活节岛和新西兰岛为顶点所构成的一个三角形区域内，面积大约是澳大利亚的6倍。想要探索这数千座适宜或者不适宜人类居住的岛屿，就有必要设计精巧的船舶和海上导航工具，也就是说，操控船只、在海中准确定位方向的知识尤为重要。波利尼西亚人出色地掌握了这两方面的知识，在距今约3500年前，他们从中国出发，途经菲律宾抵达了南太平洋。即便是在今天，波利尼西亚人在航海时准确的掌控能力依然令人叹为观止。他们会观察星座，善于解读大自然中的各种信号，如水的颜色、海浪、火山以及鸟类的飞行。

美洲的原住民

　　来自东亚的猎人和采摘者在最后一次冰川时期迁徙到了荒无人烟的美洲大陆。在距今约15000年前，白令海峡还是一片陆地，所以这些人可以徒步到达美洲。最初，这些探险者只到达了阿拉斯加，向南和向东的道路都被巨大的冰川所阻挡。距今大约11500年前，越来越多的人徒步从亚洲迁徙到美洲大陆上。同时，冰川也在慢慢融化。之后又过了约1000年，人类的足迹深入到了南美洲的最南端。

不可思议！

　　挪威人托尔·海尔达尔认为，波利尼西亚人最初来自南美地区。那他们又是怎样穿过辽阔的海洋抵达波利尼西亚的呢？托尔为了证实他的猜想，于1947年乘坐一个仿古的"康提基号"木筏，前往7000千米外的土阿莫土群岛。这支由7人组成的探险队在101天的旅行中仅靠1100升淡水、土豆、南瓜和200颗椰子来维持生命。

木棍制作的地图

这是一个用木棍制作的地图，上面标出了南太平洋的洋流方向。海螺壳则表示岛屿所处的位置。

用头脑
打开的新世界

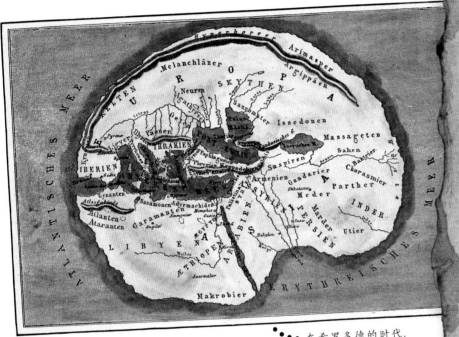

•••• 在希罗多德的时代，人们认为地球由三块大陆组成：欧洲、亚洲和利比亚。

"腓尼基人从红海出发，驶向印度洋。当秋天来临时，他们就会在他们所处的地方靠岸，种下粮食，等待收获。粮食丰收后，他们再次扬帆起航，踏上新的征程……到第三年，他们经过了赫拉克勒斯之柱（直布罗陀海峡），才结束旅行，返航回家。他们告诉家人，在绕过利比亚后，太阳出现在了他们的右手边。"

——希罗多德（约前 484—约前 425）

在古希腊人的脑海中，世界是什么样子呢？

早在公元前 500 年左右，古希腊的学者们就认识到地球是一个球体。他们的这一发现在 2 000 年后还影响着后世的探险家。

地球的形状：

古希腊人认为地球是宇宙的中心。球状的地球可以被"等分线"——赤道一分为二，分成南半球和北半球。直到今天，世人依然在沿用这条假想出来的等分线。

埃拉托色尼测定地球周长

地理学是一门研究地球及其表面各种现象的学科。地理学家埃拉托色尼（约前 276—前 194）成功地计算出了地球赤道的周长。尽管最后的结果 39 690 千米要小于地球的实际周长，但是很明显，这个结果与今天测得的 40 075 千米已经十分接近了。

为什么在地图上，地球总是北半球朝上呢？

古希腊最权威的地理学家当属克罗狄斯·托勒玫（约 90—168）。他确立了地球在平面地图上北半球居于上方的原则。这可能是因为当时人们所知道的陆地大多位于北半球。当然也可能是因为北极星这个重要的参照点位于北方。

托勒玫的失误

托勒玫并不相信埃拉托色尼计算出来的赤道周长。他测算出来的长度为 29 000 千米。但是这个数字比真正的地球周长少了约 11 000 千米。

→纪录 **8 000** 个地名

托勒玫在他的《地理学指南》中记下了 8 000 个地名。

远航探索的新发现

那时没有人相信皮西亚斯关于存在极光的说法。

古希腊人不仅头脑聪明，在航海方面也十分出色，不逊于地中海东岸的腓尼基人。残存的旅行日志足以证明这一事实。

绕过非洲

古希腊历史学家希罗多德（约前484—约前425）记述了一次发生在公元前600年左右的探险。据说，当时的古埃及法老尼克二世派遣腓尼基航海家去进行环绕利比亚（当时的人们以"利比亚"代指非洲）海岸的航行。然而，严谨的希罗多德认为，当这些人朝西航行时，太阳是不可能出现在右手边的，但在南半球却会出现这种情况。这意味着腓尼基人事实上已经完成了环绕整个非洲大陆的航行。

汉诺之行

在公元前470年左右，海军将领汉诺在非洲西海岸为迦太基（一个古代非洲国家）开辟了新的商路，并建立了殖民地。根据记录，他率领一支由60艘船组成的舰队浩浩荡荡地驶入大海，每条船上有50名桨手。这支商队沿途遇到了乐于进行贸易的商人，也遇到了朝来访者扔石头的当地居民。据推测，汉诺一行人最终抵达了西非的喀麦隆火山，并且刚巧碰上了火山爆发，他们记录道："巨大的岩浆河喷涌而出，冲进大海。地面滚烫，人们根本无法靠近。我们非常害怕，赶忙启程离开了那里。"

异域风情的北欧

大约在公元前320年，古希腊人皮西亚斯探索了北欧。对生活在温暖的地中海地区的人来说，那里新奇得让人难以想象。皮西亚斯在那里观测到了在地中海不存在的潮汐现象。他驾船经大不列颠岛的西海岸直达苏格兰。他正确地将大不列颠描述为三角形岛屿，而后又大胆地向北航行了6天，深入到"图勒"地区，也就是今天的挪威或冰岛。在那儿，皮西亚斯看到了极光和极昼，这对当时的学者来说都是难以想象的。他所到的那片海域已经接近冰冻区，皮西亚斯记录道："它们凝固成块，移动缓慢。"其实他看到的就是浮冰。

在接近极点的海域，人们可以见到浮冰和冰山。

以前，来自非洲的象牙是一种很抢手的商品。

这艘腓尼基人的船上有很多货舱，里面满是用陶罐盛装的商品。

几千年来，铜一直是重要商品。在古代有时候为铜而组织一场探险是值得的。

"发现陆地！"莱夫·埃里克松终于找到了比雅尼·何尔约夫森所说的那个岛屿。

维京人在美洲

从公元 800 年至 1066 年的约 250 年里，无畏的诺曼人驾驶他们的快船探索了从俄罗斯到北美的广大区域。对很多维京男性来说，一次远途航行也意味着财富与名誉。

意外发现

北大西洋上的狂风暴雨素来令人望而却步。公元 875 年左右，一位名叫冈比约恩·乌尔夫森的维京人在那里遭遇了风暴，狂风将他的船只吹离了航线。本来冈比约恩是从挪威出发，打算前往冰岛，但风暴却把他带到了一块冰川覆盖的陌生陆地。等他找到返程的路回到家乡后，他便把自己的发现告诉了其他维京人。

红发埃里克与格陵兰岛

几年后，冰岛人埃里克·托尔瓦尔德松也启程去寻找这块未知的土地。由于他长着红发，所以他也被称为"'红发'埃里克"。在此之前，

埃里克因为在争斗中杀了两个人而被驱逐出了冰岛。他被禁止在三年之内靠近冰岛。在流放期间，还有什么比探索新大陆更合适的事情呢？

公元 982 年，埃里克召集了 32 个勇敢的维京人，出发去寻找冈比约恩描述的那个凶险之地。本来，从冰岛西海岸向西航行约 600 千米就能登上那块陆地，但是埃里克到达了更远的地方。他绕过了一座陌生岛屿的最南端，并在它的西海岸建立了两个定居点。这两个以种植和捕鱼为业的村落能发展兴盛也是因为当时岛屿上的气候要比今天温和。埃里克将这个岛屿命名为"格陵兰岛"，意思是"绿色的土地"。

再次迷路

约在公元 986 年，冰岛的一位商人比雅尼·何尔约夫森启程去寻找他的父亲。他猜测

"红发"埃里克和他勇敢的船员们朝着未知的目的地启航了。

➡ 你知道吗？

维京人最初居住在斯堪的纳维亚的沿海地区。由于人口增长，耕地变得越来越紧缺，年轻男性为了开拓新的土地，开启了他们的维京海盗之旅，并开始劫掠他们的基督教邻居。

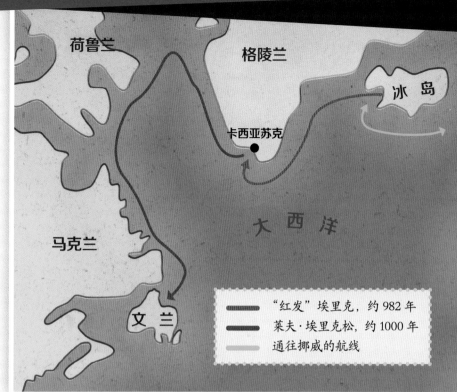

维京人所发现的北美洲地区，
今天是加拿大的一部分。

他的父亲生活在格陵兰岛上。不过，这一次，
恶劣天气将这位航海者带到了一个陌生的海岸。
关于他当时的境遇，人们有这样的传说："他
遭遇了北风，陷入了浓雾，根本不知道自己身
处何地。"直到几天后浓雾散去，比雅尼一行
人才得以重新辨认出方向，并继续向西航行。
在行进了一天一夜之后，这些探险者看到了一
座座郁郁葱葱的山丘。他们沿着陌生的海岸航
行，但据格陵兰人说，比雅尼并未登上陆地。

莱夫·埃里克松追随比雅尼的足迹

"红发"埃里克的儿子莱夫从比雅尼手里
买下一艘船后，便带着 35 个人启程去寻找比
雅尼发现的那块陆地。莱夫从格陵兰岛南部出
发，于公元 1000 年抵达了满是冰川和光滑岩
石的巴芬岛。莱夫将这块贫瘠的土地命名为"荷
鲁兰"（意为"乱石之地"）。接着，他又抵达了
一个树木葱郁、有白色沙岸的地方。莱夫将其
命名为"马克兰"（意为"树木之地"），这就是
今天加拿大的拉布拉多半岛。再往南走，维京
人又发现了文兰（意为"葡萄之地"）。这块绿
色地带令莱夫和他的同伴兴奋不已。他们宣称
在文兰，也就是今天的纽芬兰，生长着葡萄。
事实上，在如此高纬度的北半球地区是不可能
长葡萄的。不过，文兰也有可能是指瑞典语中
的"蓝莓"，或者指"绿草之地"。

→ 纪录
500 年
莱夫·埃里克松比
哥伦布早 500 年登上了
美洲大陆。

从海员变为定居者

考古学家海尔格·英斯塔和安
妮·斯泰恩·英斯塔在 1960 年发
现了一个村落：兰赛奥兹牧草地。
这个村子位于纽芬兰最北端，由 11
个莱夫·埃里克松时代维京人居住
的房屋组成。这里发现的工具和一
个铁匠铺都清晰地表明其历史要追
溯到维京人那里。

遮风挡雨的房屋：兰赛奥兹
牧草地上的一个用干草做屋
顶的院落。

基督教对世界的简单认知

这是人们为圣布伦丹和与他同行的修士们所修建的纪念碑，以纪念他们的勇敢探索，虽然他们的航向是错误的。

➡ 你知道吗？

中世纪的欧洲人并不相信地球是球形的，因为他们认为，如果地球是个球体，那么南半球的树木都要向下生长，雨也会朝着天空的方向落下，所有的东西都会向下悬着。这是不可能的呀！

在欧洲中世纪时期（约500—1500），人们关于地球形状方面的知识走入了歧途。托勒玫和其他古希腊学者对地球准确的测算和描述被当时的人所否定，他们坚持着自己浅薄又错误的认识。

基督教的地理学家们都研究什么呢？

在长约1000年的中世纪时期，宗教教义和基督教信仰控制着当时欧洲人的世界观。学者们只是努力将地球的形状与《圣经》中的描述统一起来，而不是去观测和计算。数学、地理学、天文学都被笼罩在宗教的阴影之下。

伊甸园在哪儿？

在中世纪的地图上，地球呈一个圆盘形状。横贯其中的尼罗河和顿河共同构成了一个T字形。世界的中心是耶路撒冷。尘世的天堂——伊甸园被认为位于遥远的东方，也被标在了地图上。当时的人们试图将《圣经》故事中描述的每一个地方都标在地图上。朝圣者和十字军也会前往寻找《圣经》中的地方。

圣布伦丹的旅行

爱尔兰修士布伦丹（484—578）坚信，天堂不在东方而在西方。后来，他和几名修士一起乘坐一种古代爱尔兰的皮革渔船横渡了大西洋。在经历了多次危险的迷航后，他们真的抵达了一座在他们眼中美如天堂的小岛。沿途他们还遇到了火山喷发，并将其描述为"燃烧着的火刑之山"。在其后的几百年里，"布伦丹岛"都被标在了所有航海图上。但是，没有任何一个探险队真正找到过这个岛屿。

中世纪地图有"以东方为尊"的特点，即东方位于地图上方。地图由三个大陆组成：亚洲（居上），欧洲（居左下）和非洲（居右下）。这些可以居住的大陆都被海洋所包围。

阿拉伯和中国的探险家

上图为郑和的"宝船"。这是一般传统的中国帆船，长度在 60 至 80 米之间，可容纳 300 位乘客、600 位船员和 400 名弓箭手。

古希腊流传下来的地理知识在阿拉伯世界的伊斯兰学者和旅行者那里得到了传承。在更远的东方，中国的探险队也朝着印度洋出发，开启了探险之旅，此次航行是中世纪历史上规模最大的探险行动之一。

伊本·拔图塔

伊本·拔图塔来自北非丹吉尔的一个富裕家庭，受过良好教育。1325 年，他 21 岁时决定前往伊斯兰教圣地麦加朝圣。这次朝圣令他迷上了旅行。此后数年里，伊本·拔图塔都在各地游历。他的足迹遍及从西非到印度的整个伊斯兰世界。他的研修之旅甚至远达中国和印度尼西亚。因其博学多才，他在各国王室那里都颇具声望。1353 年，在行程已累计达到约 120 000 千米后，这位探险家兼学者才返回了他的故乡摩洛哥。苏丹王要求拔图塔写下他旅行中的所见所闻。《伊本·拔图塔游记》就这样诞生了。

郑和下西洋

1405 年，中国航海家郑和率领一支船队开始了浩浩荡荡的贸易之旅。此后，他又进行了六次这样的旅行。这些船只体形巨大，适于远洋航行，一直抵达了印度、阿拉伯和东非。他们在那儿用瓷器、丝绸换取当地的香料和宝石。相传，郑和甚至带回了中国第一只长颈鹿，这在当时可谓轰动一时！

这幅 1414 年的画作描绘了郑和随船带回的一只长颈鹿。

郑和

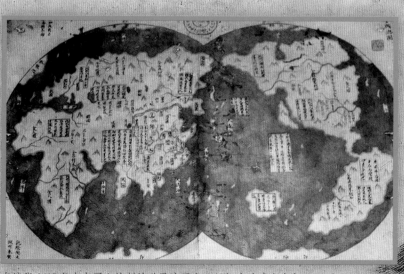

在这张 1418 年由中国人绘制的世界地图上已经标有地球上全部五个大洲。郑和在当时就已经环游了全世界吗？

马可·波罗

马可·波罗（约1254—1324）晚年的画像。
他在临终前说道："我所写下的还不及我看到的一半。"

1271年，年仅17岁的马可·波罗跟随他的父亲尼科洛和叔叔马费奥远赴亚洲。直到24年后，他才返回故乡威尼斯。他丰富的阅历在当时实为罕见。

威尼斯

君士坦丁堡

特拉比松

大不里士

耶路撒冷

萨韦

霍尔木兹

萨韦

波罗一行3人参观了这座城市，相传《圣经》中的东方三博士就埋葬在这个地方。

从威尼斯到东方

波罗兄弟第二次去中国时也带上了年轻的马可·波罗。忽必烈大汗委托他们带来基督教学者和圣墓前油灯中的灯油。但是，随行的两名基督教修士在中途就很快退出了。马可·波罗一行3人在从耶路撒冷取到灯油之后继续前进。

大不里士

大不里士（中东的一个城市）热闹的集市给马可·波罗留下了深刻的印象。为了买卖金属制品、织物、香料、调味品和黄金，人们在这儿激烈地讨价还价。他还在沙漠城市亚兹德看到了通过坎儿井将水运输到城里的方法。亚兹德还出产昂贵的丝织品。

霍尔木兹

霍尔木兹是香料、宝石、珍珠、丝织物和印度象牙的重要交易点。波罗一行3人打算从这个位于波斯湾入海口的城市出发，乘船前往中国。但是港口的船只都破旧不堪，所以他们只好选择骑骆驼沿着丝绸之路前往中国。

非 洲

印 度 洋

亚洲

丝绸之路

丝绸之路是穿过克什米尔北部沙漠的古老商队路线的一部分。它从东亚一直延伸到地中海。商队是一支由商人组成的队伍，他们沿着特定的路线运输商品并沿途休息。人们在丝绸之路上进行丝绸、瓷器、香料以及玻璃的贸易。除此之外，黑火药的制造方法也是通过丝绸之路从中国经阿拉伯传播到欧洲的。

宝石山

通往东北方向的陆路十分艰险，需要穿过波斯的卢特沙漠和巴达克山。但巴达克山对于珠宝商尼科洛·波罗和马费奥·波罗来说却是人间天堂，因为那里有很多名贵的宝石。他们在这儿待了整整一年，因为那时马可·波罗生了病，他需要洁净的山区空气。

戈壁滩

"沿路都见不到四条腿的动物和鸟类，因为这里根本没有食物可寻。"旅行者要在西面的荒漠边缘先准备好口粮，因为根据马可·波罗的记载，穿越戈壁的旅程十分可怕。在这片荒漠中"游荡着许多恶灵，他们制造幻象，引诱旅行者走向毁灭"。

上都　北京

喀什

世界屋脊

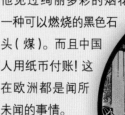

帕米尔高原的海拔超过了7000米。马可·波罗在游记中写道："这儿的山太高了，在峰顶附近都看不到鸟。而且，由于山风凛冽，火堆根本就无法像在低海拔地区那样带来温暖……"

在忽必烈宫中任职

三年半之后，他们终于抵达了忽必烈大汗在元上都的行宫。忽必烈热情地欢迎了他们，并将其安排在自己身边，还常派马可·波罗作为使者去执行任务。就这样，在担任大汗使者的17年里，马可·波罗对东方的了解远胜其他人。他笔下的中国文化中有很多令人吃惊的事情，以至于后来欧洲人都无法相信他所说的话。他见过绚丽多彩的烟花和一种可以燃烧的黑色石头（煤）。而且中国人用纸币付账！这在欧洲都是闻所未闻的事情。

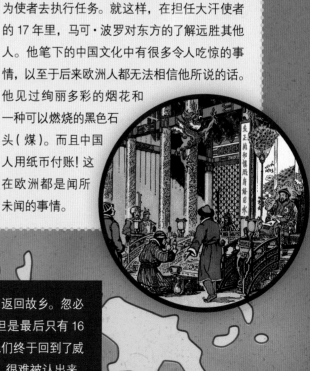

四年归乡路

直到他们被派去护送一位公主前往遥远的波斯，忽必烈才同意放波罗一家返回故乡。忽必烈共派了14艘船、600个人护送他们回波斯，并准备了足够吃两年的食物。但是最后只有16人活着到达了波斯，波罗一家3人和公主都幸运地活了下来。1295年冬天，他们终于回到了威尼斯，而他们的家人以为他们早就死了。他们穿着破破烂烂的亚洲样式的长袍，很难被认出来。人们都不敢接近他们，直到他们剪开衣襟的镶边，从中倒出了红宝石、绿宝石和钻石。

寻找直接通往 亚洲的路线

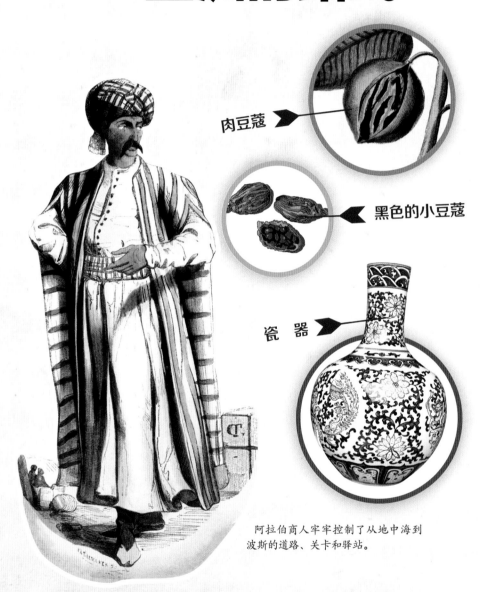

肉豆蔻

黑色的小豆蔻

瓷器

阿拉伯商人牢牢控制了从地中海到波斯的道路、关卡和驿站。

知识加油站

▶ 中世纪最好的地图是由一位名叫亚伯拉罕·克雷斯克斯的犹太绘图师兼罗盘制造师绘制的。1375 年，他结合航海家的波特兰海图和马可·波罗的旅行日志，与他的儿子裹德共同完成了加泰罗尼亚地图集。今天，法国国家图书馆中还珍藏着这份珍贵的地图集。

阿拉伯地处亚欧贸易的咽喉要道。阿拉伯人也乘此之便垄断了胡椒、肉桂、肉豆蔻、姜、瓷器、丝绸和许多中世纪奢侈品的贸易。欧洲的商人经常抱怨："要是能开辟一条直通印度和中国的航线该多好。这样就不用让阿拉伯中间商赚去大笔的差价了。"因此，越来越多的地图都绘制上了各种海上航线。

十分有用的波特兰海图

真正到了航海的时候，中世纪那些标出了伊甸园，却忽视了港口、危险礁石位置的地图就没有什么用处了。毕竟，如果有人想把一批葡萄酒从威尼斯运到埃及的亚历山大港，那样的地图肯定派不上用场。因此，地中海地区开始流行一种新的航海图，这种航海图是船员们以自己的观测和经验为基础，为同为船员的人量身打造的。在意大利，这种地图被称为"波特兰"，意思是"港口指南"。由于船员们对内陆地区不感兴趣，因此内陆在地图上就是一片空白。同时，这种地图也没有统一的比例尺、纬度和经度，却都绘有"风向玫瑰图"（表示风向和风向频率的一种指示图，图形形似玫瑰花），因为海图要指明风向，并为定位提供帮助。

大洋的尽头在哪里？

首先，什么是大洋? 是不是只有一片大洋，而所有的陆地都被这片大洋所围绕? 大洋是无穷无尽的吗? 还是一直通向某处神秘之地? 中世纪的欧洲人很难想象如何从海路绕过非洲抵达亚洲。他们认为，位于赤道以南的那部分非洲大陆是一片难以逾越的辽阔陆地。但随着时间的推移，欧洲人开始勇敢地去探索更遥远的海域，也渐渐知道了海洋在四面八方奔流，但并非是世界的尽头。

➡ 你知道吗？

马丁·贝海姆结合尼科洛·达·康提的游记和其他资料，制作了他的地球仪。时至今日，这台 1492 年制造的贝海姆地球仪还保存在纽伦堡的日耳曼国家博物馆内。

在这份威尼斯修士弗拉·毛罗于 1459 年绘制的地图上，非洲第一次呈现为被海洋所环绕的样子。弗拉·毛罗很可能是参考了尼科洛·达·康提的游记，这份地图包含了当时人们对地球所知道的一切信息。

尼科洛·达·康提的漫长旅行

当时穆斯林控制了通往亚洲的陆上通道，基督教徒无法通行，而通向亚洲的海上航线还没有被开辟出来。如果想到达亚洲，就必须成为一名穆斯林，而尼科洛·达·康提（约 1395—1469）也确实这么做了。为了能顺利到达亚洲，他在大马士革生活了一段时间，学习了阿拉伯语，成了一名穆斯林。康提一生中有 25 年都在阿拉伯、印度、东南亚各地游历。他曾穿过沙漠到达巴格达，又乘船抵达印度西海岸，再从那儿出发，步行到了印度南部。在锡兰，也就是今天的斯里兰卡，他见到了肉桂；在苏门答腊岛上，他找到了黄金、胡椒和可以入药的樟树，但也遇到了食人族；在缅甸，他又看到了大象、犀牛、蟒蛇和身上刺有文身的民族。康提对冒险的热爱使他的足迹一直延伸到了爪哇岛。

尼科洛·达·康提游记的影响

由于达·康提背弃了基督教信仰，于是在他返回自己的家乡后，教皇恩仁四世责令他忏悔自己的罪过。所以，他不得不向教皇秘书叙述了自己的旅行经历。这对当时的制图师们来说非常难能可贵，它算得上是自《马可·波罗游记》之后对亚洲描述最为详细的一份游记了。而最令人激动的还是康提带回来的这条信息：印度洋并不是内海，绕过非洲大陆抵达香料群岛（即东印度群岛，盛产香料的岛屿的泛名，说明了当时欧洲人对东方香料的渴求）的方案完全可行。这一消息着实令当时的欧洲人兴奋不已。

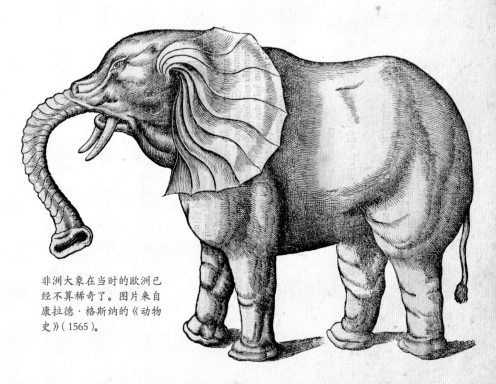

非洲大象在当时的欧洲已经不算稀奇了。图片来自康拉德·格斯纳的《动物史》（1565）。

航海家亨利王子和他的船长、顾问。亨利知道信息收集的重要性。

葡萄牙的先驱们

> "穿过狂风大浪后，大家既震惊又精疲力尽。所有人都开始抱怨，不想再继续前进了。"
>
> ——迪亚士的航海日志，1488 年

知识加油站

▶ 在航海家亨利王子的带领下，葡萄牙人又重新发现了马德拉群岛、亚速尔群岛和佛得角群岛。其实腓尼基人早就已经知道这些岛屿，不过后来这些地方都被遗忘了。

葡萄牙并没有位于地中海的港口，但是这个毗邻大西洋的小国一直向往着南方与西方。南方的非洲海岸吸引着他们的目光，西边的大海也令他们魂牵梦萦。然而一直到1400年左右，还是没有人敢踏足这些区域。没人知道那里到底有什么，也不知道是否会有去无回。在这种背景下，葡萄牙究竟是怎样逐渐成为一个海上强国的呢？

航海家亨利王子

亨利王子（1394—1460）是葡萄牙国王若昂一世的第四个儿子。虽然他本人未曾出过海，但是仍然获得了"航海家亨利"的称号。以位于葡萄牙西南端的萨格里什为中心，亨利王子开始了一个不为其他海上强国所知的宏大计划——探索非洲西海岸和通往印度的海上航线。他花费了40年，一次又一次组织探险队前往神秘的世界边缘。葡萄牙的航海家们也越走越远，带回了许多宝贵的航海资料。这算得上是历史上第一次系统化的探险活动，甚至可以与今天的宇宙探索相比拟。

葡萄牙为何能在航海上如此成功？

萨格里什和与之毗邻的拉各斯是当时的制图学、航海学和造船中心。亨利王子掌管着关于航海的一切事宜。所有的船长和舵手都必须详细地记录航海日志。就这样，非洲西海岸的全貌徐徐展开。当时的葡萄牙人已掌握了各种不同的导航工具，比如罗盘、十字测天仪和星表，但最重要的还是新型卡拉维尔帆船的发明和使用。这种船既轻便又适合远洋航行，它不仅能带航海家探索更远的未知世界，还能将他们顺利地送回家乡。

有成功也有失败的探险

1434 年，勇敢的船长吉尔·埃阿尼什成功地穿越了令所有海员生畏的博哈多尔角。这个位于西撒哈拉以西的地方风暴肆虐，潜藏着许多暗滩。在成功开辟穿越博哈多尔角的航线后，探险家们前往南非和印度的航路就更加畅通了。

1460 年，亨利王子去世时，探险家们已经沿西非海岸挺进了约 3 700 千米，并将这段海路标识在了地图上。这真是一个很好的开局。

海风助力

巴尔托洛梅乌·缪·迪亚士的航行是开辟前往亚洲的海上通道过程中的重要一步。他奉葡萄牙国王若昂二世之命，带领一支由 3 只卡拉维尔帆船组成的船队，沿非洲大陆海岸航行。途中，一场延续数日的风暴将他们吹离了航线，向西吹到了大西洋上。之后迪亚士选择向东直行，1488 年 2 月，他们终于得以在南非西部的莫塞尔湾登陆。迪亚士绕过了好望角，但是船员们已经备受饥饿和维生素 C 缺乏症的折磨，无法继续前进。就这样，迫于船员哗变的压力，迪亚士只得率领船队返航。

钢铁般的意志——瓦斯科·达·伽马

1497 年，在东非领航员的指引下，达·伽马成为历史上第一位横渡印度洋，成功地从欧洲航海到达印度的人。但是达·伽马船上运载的货物在印度当地并不受欢迎。于是，他采用强硬手段，使葡萄牙人在印度定居下来。他们从阿拉伯人手中夺走了一半的香料贸易。也正因为如此，葡萄牙一跃成为欧洲最富裕的国家之一。

不光彩的一页——瓦斯科·达·伽马下令洗劫了一艘载有 380 人的穆斯林朝觐者的船只，并将其点燃，直至其最终沉没。

这种新型的卡拉维尔帆船甚至可以逆风行驶。

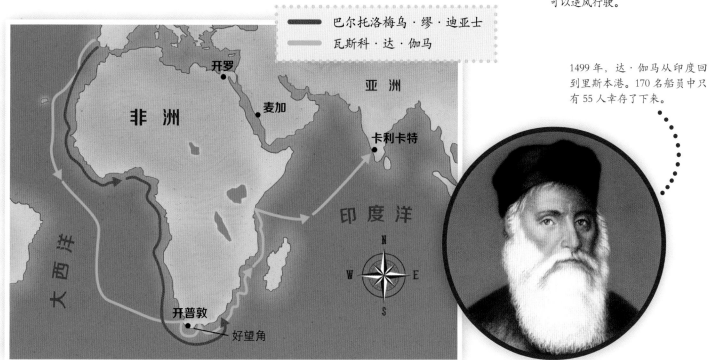

巴尔托洛梅乌·缪·迪亚士

瓦斯科·达·伽马

开罗

麦加

亚洲

非洲

卡利卡特

印度洋

大西洋

开普敦

好望角

1499 年，达·伽马从印度回到里斯本港。170 名船员中只有 55 人幸存了下来。

哥伦布和新大陆

如果地球是一个球体的话，那么从各个方向出发应该都可以绕地球一圈。还是说只有一条一直向东走的路才能通往亚洲？哥伦布相信，他能找到一条既简单又便捷的路线通往亚洲，去寻找宝藏。

好学又好奇的水手

早在 14 岁时，克里斯托弗·哥伦布（约 1451—1506）就已经开始出海了。他最初几次探险去了地中海、北大西洋和西非海岸。在他岳父去世后，哥伦布开始研究岳父留下来的海图和航海日志。他如饥似渴地阅读着地理方面的书籍和旅游报道。渐渐地，他产生了一个想法：一路向西，穿越大西洋也一定可以到达香料之国。而且最重要的是，这条航路会远远短于那条绕过非洲前往亚洲的路线。

寻求王室资助

1484 年，葡萄牙国王的顾问们拒绝了为哥伦布的计划提供资助。他们的理由十分充分：哥伦布把欧洲与亚洲的距离预估得太短了。之后几年中，哥伦布不停地进行游说，终于，在 1492 年 4 月，伊莎贝拉女王同意了他的探险计划以及分享红利的要求。

向西进发

1492 年 8 月 3 日早上，一切就绪。哥伦布率领旗舰"圣玛丽亚号"和两艘较小的卡拉维尔帆船——"尼亚号"和"平塔号"出发了。与哥伦布相比，他的 90 名船员对这场前途未卜的航行远不如他那般激动。很多船员还很迷信，害怕真的遇到海怪。现在，他们可是要进入完全陌生的水域！之后，他们在加那利群岛靠岸整修了船只，于 9 月 6 日驶入了大西洋。在这

"我们降下了其他所有的帆，仅依靠主帆航行。然后我们停下船，等待黎明来临。我们到达小岛的那天是星期五，岛的印第安语名字是'瓜纳哈尼'。近乎全裸的原住民们站在那里盯着我们。在马丁·阿隆索·平松、他的兄弟文森特·亚涅斯以及'尼亚号'船长的陪同下，我们乘坐的一艘装备了武器的船靠岸。我们上了岸，在那里展开了国王的旗帜……"

——航海日志，
1492 年 10 月 12 日

北美洲 · 欧洲 · 大西洋 · 巴罗斯 · 加的斯 · 墨西哥湾 · 佛得角 · 古巴 · 加勒比海 · 非洲 · 南美洲

第一次旅行（1492—1493）
第四次旅行（1502—1504）

直到 1502 年 8 月 14 日，哥伦布在第四次航行时才在洪都拉斯踏上了美洲大陆。

古代船只的残余部分

➜ 你知道吗？

2014 年春天，一艘疑似为旗舰"圣玛丽亚号"的船只在海地外海被发现。不过，还需要先确定船只残骸的年代才能知道这是不是"圣玛丽亚号"。

之后的 33 天里，他们一直在海上航行，连陆地的影子都看不到。为了让他的船员们振作精神，哥伦布不得不使用些小伎俩。然而在 1492 年 10 月 12 日大约凌晨 2 点的时候，负责瞭望的船员大喊道："陆地！前面是陆地！"

发现者与被发现者

哥伦布一行在巴哈马群岛登陆。当地人称这些岛为"瓜纳哈尼岛"，哥伦布将其命名为"圣萨尔瓦多岛"，称呼当地居民为"印第安人"，因为他以为自己抵达了印度。他将这些人看成西班牙的臣民和未来的奴隶。哥伦布还发现了古巴和伊斯帕尼奥拉岛，今天这个岛分属海地共和国和多米尼加共和国。在这里，他受到了岛上居民的友好欢迎。然而"圣玛丽亚号"不幸在伊斯帕尼奥拉岛触礁，哥伦布不得不让一部分船员留在这里，然后其他人返航回去。1493 年，他终于回到了西班牙，并受到了热烈的欢迎，人们将其视为英雄。直到去世，哥伦布都仍然深信自己找到了通往亚洲的西方航路。

旗舰"圣玛丽亚号"

1 主 帆　　**3** 厨 房　　**5** 哥伦布的舱室

2 桅 楼（瞭望台）　　**4** 货 舱

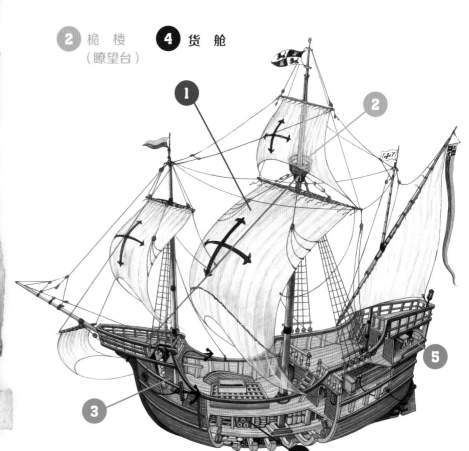

环游世界第一人—— 费迪南德·麦哲伦

一艘侦察船向船长汇报，他们所发现的水道（麦哲伦海峡）有一个通向大洋的出口。

费迪南德·麦哲伦，这位谦逊又严谨的军官可以称得上是世界上最伟大的航海家了。他率领 5 艘船完成了人类历史上的第一次环球航行。

既是战士又是航海家的麦哲伦

麦哲伦（约 1480—1521）出生于葡萄牙北部的一个贵族家庭，10 岁时失去了双亲。他后来被葡萄牙王室派往印度服役，这成为他事业的开始。32 岁时，麦哲伦被任命为船长并返回了葡萄牙。

由于人们指责他与敌人做交易，麦哲伦失去了王室的宠信。于是，他离开葡萄牙来到了皇帝查理五世的西班牙宫廷。麦哲伦为人沉稳，行事谨慎。但他的好友——数学家、天文学家鲁伊·法莱罗却痴迷于一个想法：开辟一条通往香料群岛的西南航线。当时正值葡萄牙和西班牙两国争夺世界霸权，麦哲伦和法莱罗的这个想法自然大受欢迎。两个国家都希望能通过开辟新航线大赚一笔。麦哲伦巧妙地周旋在有权有势的西班牙贵族之间，获得了他们的支持。1518 年 3 月 22 日，皇帝查理五世宣布资助麦哲伦的这次考察。

"在计算海上里程以及利用星座导航方面，世上再没有人能超过他（麦哲伦）。"

——同行者安东尼奥·皮加费塔

5 艘船所携带的给养包括

» 106 900 千克面包干
» 3 750 千克腌肉
» 163 千克油
» 5 600 千克奶酪
» 200 桶沙丁鱼
» 850 千克鱼干

这支探险队携带了什么?

1519 年 9 月 20 日, 5 艘考察船, 共计 237 人从塞维利亚出发了。船上满载可供这些人吃两年的口粮、武器和为亚洲地区君主们准备的商品, 其中包括 500 面镜子和 1 吨在当时很珍贵的水银。

通道在哪儿?

在旅程的头两个月中, 他们经加那利群岛到达了巴西最东端。到底有没有一条可以通向南太平洋的航道呢? 还是说南美洲东部沿岸所有的河流都是死胡同? 麦哲伦探险队勘察了从里约热内卢到拉普拉塔河, 甚至更南端的海湾和河流的入海口。

第一个难挨的冬季

1520 年 3 月底, 麦哲伦一行人抵达了南美最南端的巴塔哥尼亚。南半球寒风凛冽的冬天也紧随而至。为了能够熬过这个冬天, 麦哲伦在圣胡里安湾下令, 船员们的口粮减半。这就意味着他们要忍受饥饿和寒冷的双重折磨, 这也成了哗变的导火索。3 个西班牙的船长策划了这次哗变。之后, 麦哲伦处决了他们 3 人, 但同时也赦免了几乎其他所有人。

穿过麦哲伦海峡到达太平洋

八月的时候, 麦哲伦一行人起航继续向南航行, 终于找到了他们苦苦寻找的通道, 也就是如今以他名字命名的麦哲伦海峡。这条通往太平洋的海峡长达 600 千米, 风高浪急, 危机四伏, 因此需要两个奥纳族印第安人来为他们导航。在一次新的哗变中, 两艘船离开了船队, 其中一支还装载着他们的大部分给养。花费了 38 天时间后, 3 艘船终于驶出了这条海峡。出现在他们面前的是一片风平浪静的海洋, 麦哲伦欣喜地将其命名为 "太平洋", 字面意思就是 "和平的海洋"。

麦哲伦称南美南部的原住民为 "巴塔哥尼亚人", 意思是 "大脚人"。

饥饿与死亡如影随形

最困难的挑战仍然横在麦哲伦他们面前。太平洋到底有多大? 准备的物资够用吗? 麦哲伦以为他们再航行一个月就能到达香料群岛, 但实际上却花费了 3 个月零 20 天。这其中的艰辛难以想象。饮用水都已经浑浊发臭, 面包干也生了虫, 进了老鼠屎。他们还炖皮革为食, 煮锯末为汤。老鼠都成了有营养的点心。他们中有 20 人因为营养不良患上了维生素 C 缺乏症, 最终不幸离世。

损失惨重的归途

1521 年 3 月, 麦哲伦带着仅剩的 150 人到达了菲律宾和马里亚纳群岛。在一场争斗中, 麦哲伦被当地居民杀死。他的船长们不得不在没有他带领的情况下返航。1522 年 9 月 6 日, 仅存的一艘 "维多利亚号" 载着剩余的 18 名船员驶入了塞维利亚港。

在这些西班牙人眼中, 美洲最南端的原住民像巨人一样高。

➡ **纪录**
69 000千米

从出发到返回西班牙, "维多利亚号" 总共航行了 69 000 千米。

晚上, 麦哲伦看到岸上燃起了明亮的篝火, 因此将这个地方命名为 "火地岛"。

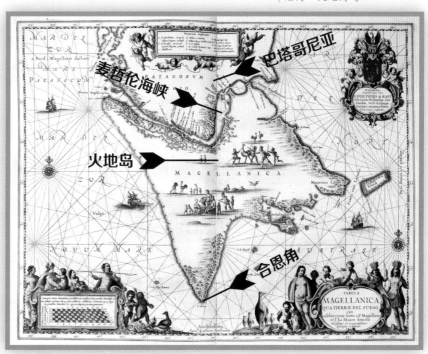

导航——

寻找正确的路线

海上导航意味着要在一个没有固定路标的地方找到方位。这时候，这片区域中可以用于定位的东西就尤为重要，比如星空、海岸，甚至海水的深度。

节

"节"在英文中的原意指一块木头。数百年来，节都是用来度量船只航速的单位。

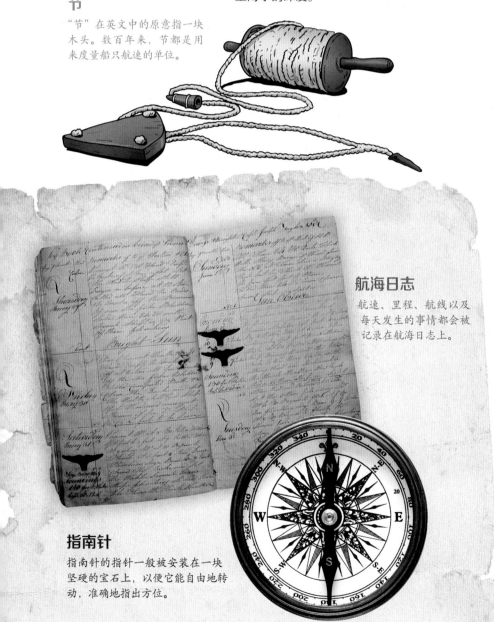

航海日志

航速、里程、航线以及每天发生的事情都会被记录在航海日志上。

指南针

指南针的指针一般被安装在一块坚硬的宝石上，以便它能自由地转动，准确地指出方位。

利用工具进行导航

在大海上行驶时，没有可供船员辨认方向的地标，例如山脉、塔楼之类的参考点。因此，地理大发现时期的欧洲航海家们不断地改善测量工具和地图。其中尤为重要的是确定地理上的经度和纬度，有了它们，之前发现的地方就能够被重新找到。

航速的测量

人们将木板系在一根绳子上，绳子上按照相等的间距打了许多结，然后人们再将木板系上铅块扔到海里。这样，当船行驶时，木板就会停在原处，而随着船只的行驶，绳子则逐渐被拖入水中。接下来，人们只要数一数多少绳结进入了水中，就能知道船行驶了多远的距离。再借助沙漏测算出时间，由此就能算出船行驶的速度了。于是，"节"成了航速的计量单位，也就是船只每小时行驶的海里数（1海里=1852米）。

什么是航位推算法？

通过测算航速可以计算出已经行驶的距离。船员们每天分多次将航速记录在航海日志上，再结合经纬度就可以推算出船所处的大致位置，并准确地朝着目标航行。哥伦布就采用了这种航位推算法。

指南针

指南针会对地球的磁场产生反应。将一枚磁针悬挂在标有方向的刻度盘上方，就制成了一个可以指示方位的指南针。

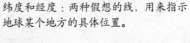
纬度和经度：两种假想的线，用来指示地球某个地方的具体位置。

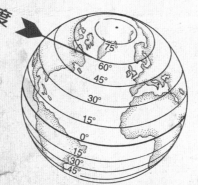
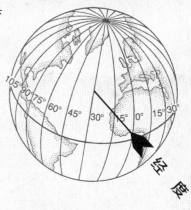

风 向

在靠风帆航行的时代，关于风的认识对能否成功地导航十分重要。因为船要是不能行驶，那确定目的地位置和当前坐标又有什么用呢？哥伦布就知道如何巧妙地利用赤道附近的信风，而当年的麦哲伦则开辟了一条沿南美西海岸航行的路线，时至今日，如果想要从巴塔哥尼亚前往夏威夷，这条航线仍然因其适宜的风向而备受欢迎。

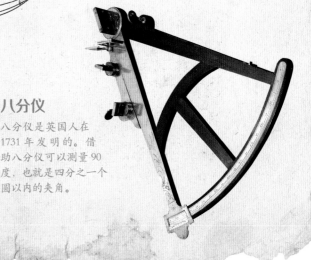

八分仪

八分仪是英国人在1731年发明的。借助八分仪可以测量90度，也就是四分之一个圆以内的夹角。

借助十字测天仪，人们可以测量出星星与地平面之间的夹角。

如何测定纬度

测量纬度是为了确定在南北方向上的相对位置。如果北极星与当前所见地平线之间的距离小于北极星与在母港所见地平线的距离，说明此时船只位于母港以南；反之，则位于母港以北。十字测天仪、八分仪以及后来的六分仪都是用来精确测量角度的仪器。

航海精密计时仪

约翰·哈里森（1693—1776）发明了航海精密计时仪，这是世界上最早的能在海上精确显示时间的钟表。

约翰·哈里森

如何测定经度

确定东西方向上的相对位置要更困难一些。地球每24小时自转360度，也就是每小时转15度。当船行驶到一个位置时，人们记录下太阳处在最高点时的时间（当地正午12点），然后再将这个时间与始发港口现在所处的时间进行精确比较，就能根据时差推算出船只位于始发位置以东或以西多远。

北美的探险家

西班牙和葡萄牙发现并占领了中美洲和南美洲。英国、法国和荷兰则试图找到从北方前往亚洲的航路，即西北航线。无数的探险队在美洲的西北海岸进行探索，并为他们的国王占领新的土地。

约翰·卡伯特

1497 年，仅比哥伦布晚 5 年，威尼斯商人约翰·卡伯特（1450—1499）启程去探索一条通往中国的西北航线。他奉英国国王之命，从布里斯托尔港出发上路了。卡伯特从维京人那里学会了航海，也同他们一样在森林茂密、气候恶劣的纽芬兰登陆了。这个地方位于今天的加拿大，但卡伯特以为这里就是中国。

雅克·卡蒂亚

1534 年，法国国王弗朗索瓦一世派遣船长雅克·卡蒂亚（1491—1557）率领两艘船前往纽芬兰岛，对该地区的产鱼量进行调查。卡蒂亚不仅探索了纽芬兰岛，而且成为第一个在宽阔的圣劳伦斯河上航行的欧洲人。他在那里遇到了美洲的原住民——米克马克族印第安人，后来还碰到了易洛魁族印第安人。他毫不犹豫就占领了这片土地并将其命名为"新法兰西"，尽管那里已经有人居住了。

萨缪尔·德·尚普兰

大约在卡蒂亚的纽芬兰之旅 60 年后，萨缪尔·德·尚普兰（1574—1635）继续探索了北美的东海岸。他占领了更多的土地，在那里建立起殖民地，并按照法国的模式进行管理。为此，他与易洛魁人进行了苦战。尚普兰还开拓了当地与法国的皮毛贸易，建立了加拿大的大城市魁北克，并发现了今天的休伦湖。他为加拿大东部的法语区奠定了基础。

探险意味着眼界的拓宽

16 世纪的探险家们在旅途中见识到了不同的文化、景物、动物和植物，那是他们连做梦都无法想象的东西。1600 年之后，两件发明永久性地改变了人类的视野，为重大发现奠定了基础：望远镜和显微镜。

荷兰望远镜的诞生

有一天，两个孩子在荷兰眼镜制造师汉斯·李普希（约 1570—1619）的店里玩耍。他们将两个透镜叠放起来，再透过它们向外看。李普希自己也尝试了一下，发现远处教堂上的风向标看起来变大了很多。就这样，李普希产生了制作望远镜的想法。

望远镜的改进

意大利的伽利略·伽利雷（1564—1642）对"荷兰望远镜"非常感兴趣。他让人向他讲述望远镜是如何制造的，然后照此制作了一台改进版望远镜。作为数学教授兼仪器制造者，伽利略当然得心应手。到 1609 年底，他已经制造出了一台能将物体放大 30 倍的望远镜！这在他所处的那个时代已经是极限了。伽利略用这台望远镜观测了月球粗糙不平的表面，发现那里遍布陨石坑。他还看到了银河是由无数星星组成的，而他最著名的发现当属木星的四颗卫星了。

放大最小的东西

造一台显微镜要比造一台望远镜难得多。1665 年，罗伯特·胡克（1635—1703）的著作《显微术》的问世震惊了科学界。胡克在书中用 57 幅插图展示了他借助显微镜观察到的事物：苍蝇的复眼，还有鸟的羽毛结构。显然还有一个极其微小的世界等待着人们去探索。

天文望远镜

伽利略是世界上第一个看到月球表面山脉地形的人。他根据影子的长度计算出了月球上山脉的高度。望远镜的发明是取得这些成果的前提。

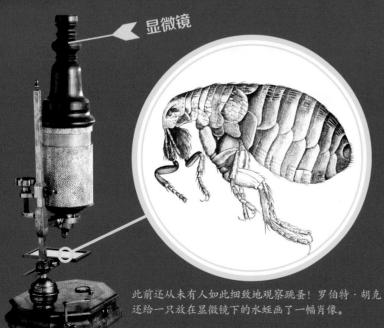

显微镜

此前还从未有人如此细致地观察跳蚤！罗伯特·胡克还给一只放在显微镜下的水蛭画了一幅肖像。

大自然和地球的奥秘

这幅油画描绘的是 1666 年"太阳王"路易十四和他的大臣柯尔培尔（黑衣）在巴黎建立法兰西科学院的场景。

➡ 纪录 6000 种

约翰·雷在他的著作《植物史》中描述了 6000 种植物，并对其进行了分类。

在哥伦布和麦哲伦的时代，探险家们的主要目的还是抢夺香料、宝藏和征服别的国家。但几百年后的探险就不仅仅是为获取财富与权力了，还有获取更多知识的需求。

将知识整合起来

1660 年前后，两个重要学会分别在英国和法国成立了：英国皇家学会和法兰西科学院。他们的目标就是搜集自然科学知识。每一位自然科学的探索者都可以向学会介绍他的新发现。大多数情况下，他们都是通过书信的方式来进行论文交流。当然，并不是每一项发现都意义非凡，大多数时候都只是为知识的大厦添砖加瓦。就像玩拼图一样，对这个世界全新而准确的描述是逐渐呈现出来的。

为自然排序

在新发现的大陆上，到处都是叫不出名字的植物、动物、矿物和岩石。没有任何一个欧洲人曾经见到过像企鹅、犰狳、浣熊以及会发光的巨型蝴蝶这样新奇的动物。各种素描、标本和相关描述被整合起来。但是新发现的动植

Digynia.   Monogynia.   Tetragynia.   Monogynia.   Digynia.   Trigynia.   Tetragynia.   Pentagynia.   Pol

gynia.   Digynia.   Tri gynia.

林耐将自然界分为矿物界、植物界和动物界，他采用了拉丁语中的复合词来为它们命名。这些学名至今还在沿用。

物太多种多样了，有引起混淆的可能。怎样才能将它们全都准确地描述出来，并且合理地分类呢？来自英国的约翰·雷（1625—1705）和瑞士的卡尔·林耐（1707—1778）成功地对植物进行了分门别类。植物学家林耐搜集了几千种植物，还将自己的学生派往世界各地，让他们带回各种各样的植物。约翰·雷和卡尔·林耐为现代生物学奠定了基础。

有没有南方大陆？

数百年来，地理学上一直存在着一个未解之谜。托勒玫断言，肯定存在一块巨大的南方大陆。但真的有这块大陆吗？来自苏格兰的亚历山大·达尔林普尔坚信它是存在的。他还试图亲自带队考察，但由于他并不是航海家，所以在 1768 年的时候，英国皇家学会试图寻找一位经验丰富的水手去完成这段漫长的探险之旅。

谁去寻找这片陆地？

英国皇家学会最终选定了一名英国皇家海军的军官。他是一位优秀的测量师兼制图师。他绘制的加拿大纽芬兰和圣劳伦斯河地图使他在海军部队之外也名声远扬。除此之外，他还多次横渡大西洋。这个人就是詹姆斯·库克（1728—1779）。

是什么在那里游动？

荷兰人安东尼·范·列文虎克（1632—1723）的发现堪称当时最不可思议的发现之一。他用精良的显微镜观察了来自池塘中的污水，发现有"相互缠绕在一起"的小动物在里面游动。他的发现一开始受到了英国皇家学会的嘲笑。然而，事实证明他是正确的。列文虎克发现了细菌，之后他被选为英国皇家学会成员。

Digynia.   Trigynia.   Hexagynia.   Polygynia.   Monogynia.   Digynia.   Monogynia.   Digynia.   Trigyn

詹姆斯·库克
——南太平洋的探索者

1768 年，詹姆斯·库克乘坐运煤船改建的"奋进号"从英国普利茅斯港出发了，同船前往南太平洋的还有一批研究人员。他们此行的目的是在塔希提岛观测金星凌日，以此来计算太阳和地球之间的距离。同时他们还有一个秘密任务，即在南太平洋探寻未知的南方大陆。

第一站——塔希提岛

"奋进号"选择了一条风高浪急的航线，经合恩角进入了南太平洋。1769 年 4 月，库克一行人安全抵达了塔希提岛。英国船员和研究者们在那里受到了当地人的热烈欢迎。在剩余的旅程中，塔希提人图帕伊亚成了英国人的同伴。图帕伊亚不仅熟悉波利尼西亚群岛，还能

植物学湾（Botany Bay）丰富的动植物种类令植物学家约瑟夫·班克斯爵士（左）兴奋不已，詹姆斯·库克（右）也很高兴。

天堂般的南太平洋极富吸引力，许多英国海员都非常希望能留在塔希提岛。

与当地居民进行交流。这对探险队来说非常有用，因为船员们在途中还要补充淡水和食物。

环行新西兰

库克继续向南航行了 4 000 千米，但仍然看不到南方大陆的影子。于是他决定向西航行，前往新西兰和澳大利亚。100 多年前，荷兰人阿贝尔·塔斯曼就已经发现了新西兰，但人们对这片土地的研究还是一片空白。直到詹姆斯·库克到来，它在地图上的位置才真正确定了下来。

▶ **你知道吗？**

其实库克船长在攻克维生素 C 缺乏症上的成就要比他作为航海家的成就著名得多。为了对抗维生素 C 缺乏症，他要求船员们食用酸菜、浓缩胡萝卜汁和糖渍柠檬。英国海员因此得到了"柠檬佬"的绰号，即"狂吃柠檬的人"。

澳大利亚东海岸

1770 年，库克一行人登上了澳大利亚东海岸。他们停靠在了一个满是美丽、新奇植物的海湾。这个海湾也因此被命名为"植物学湾"。今天，这个地方隶属于澳大利亚的悉尼。库克还在澳大利亚以北的海域发现了世界上最大的珊瑚礁群——大堡礁。这里的礁石群很美，但也十分危险，"奋进号"因此不幸受损进水。在船只维修期间，同行的一名研究人员看到了一种"巨大的兔子"，其实那是袋鼠。

不幸和凯旋

在巴达维亚（即今天印度尼西亚的雅加达），厄运降临在了这群探险者身上。包括图帕伊亚在内的许多人都死于一种严重的肠胃病——痢疾。

但是，当库克在 3 年后，也就是 1771 年回到英国时，他还是受到了热烈的欢迎。因为他的这次考察之旅带回了许多天文学、生物学、地理学方面的重要知识。但还是有一个问题悬而未决：南方大陆到底在哪里？

寻找南方大陆

1772 年，詹姆斯·库克再次被派出考察。这次他带了两艘船——"决心号"和"探险号"。这支考察队成为第一支横跨南极圈的船队，但由于厚厚的浮冰，他们不得不向北折返。库克已经环绕地球向南航行了这么远，但南方大陆到底在哪儿？对此他还是一无所获。1775 年，这支考察队返回了英国。

开辟西北航道

四年后，英国皇家海军再次派遣詹姆斯·库克进行考察。他这次的任务是查明在北方是否有一条连接太平洋和大西洋的通道。途中，库克发现了夏威夷岛。之后，他沿着美洲的西北海岸航行，抵达了阿拉斯加和西伯利亚的分界处：白令海峡。白令海峡以北的地方天气寒冷，有冰障阻隔，库克一行人的船只无法再前行。这似乎证明了，想要乘船从太平洋向北航行到达大西洋是不可行的。

"海边有一处没有珊瑚礁的地方，那里的大浪十分可怕。……然而这个地方正是塔希提岛原住民最喜欢的地方。……有一次他们在大浪中找到一块被海水冲毁的独木舟的尾部。他们便抓起那木块，扛着它向海里游了很远，然后站在上面。风和海浪推着他们高速前进，冲向浪头。这个游戏似乎给他们带去了无尽的乐趣。"

——詹姆斯·库克日记中关于波利尼西亚人冲浪的描述

1774 年，库克手下的军官在复活节岛上找到了巨型石像——摩艾石像。

1779 年 2 月 11 日，詹姆斯·库克在与夏威夷岛原住民的冲突中丧生。

采访
亚历山大·冯·洪堡

冯·洪堡先生，您小时候真的是个坏学生吗？

是呀，我觉得死记硬背真的是太无聊了。但当我还是个孩子的时候，我就已经对植物、昆虫和矿物之类的东西感兴趣了，别人都叫我"小药剂师"，而且我很小的时候就已经擅长绘画了。

生卒年代：
1769—1859

兴趣爱好：
研究，研究，还是研究

您的第一次考察之旅去了哪里？

哦，我去了英国。我当时 21 岁，正和乔治·福斯特一起研究火山与岩石之间的关系。乔治是我的榜样。他是一名博物学家，曾经和詹姆斯·库克一起去过南太平洋航行。

特　长：
生动地讲述故事，绘画

然后您就出发去了南美洲？

并没有！我想先学习一下采矿学和自然科学。我认为，出发前先做好充分的准备非常重要。同时还要配备上 1800 年前后最先进的测量仪器。当然还要有我的同伴埃梅·邦普兰，一位非常优秀的植物学家。

➜ 纪录
6 310 米

海拔 6 310 米的钦博拉索山在 1800 年左右被认为是世界第一高峰。这一直持续到 1852 年珠穆朗玛峰的高度被测量出来。

这之后您就从西班牙出发，前往委内瑞拉？

是的，邦普兰和我乘坐一条独木舟在南美洲的奥里诺科河上进行了航行。这条小舟有 13 米长，但却只有 1 米宽。船上的空间非常拥挤，因为除了 4 个船桨、一个舵手以外，还要放上测量仪器，装着鸟、猴子的笼子，还有许多我们搜集的热带植物。

洪堡称厄瓜多尔和秘鲁的火山链为"火山之路"。

您和您的同伴就这样行进了大约 3 000 千米？

差不多吧。我们一点也不觉得累。我们很幸运地证明了亚马孙河与奥里诺科河是相连的。我可以向你朗读一小段我的日记吗？

瓜亚基尔沿岸的木筏

当然。不过还有一个问题：您的这次研究之旅大约进行了 5 年，离开奥里诺科河之后，您又去了哪里呢？

安第斯山脉。在厄瓜多尔和秘鲁地区，火山一座接着一座。最吸引我的还是钦博拉索山。在没有特制装备的情况下，我们还是爬到了海拔 5 920 米的高度！

昌博河上的吊桥

您还游历了墨西哥、美国和俄国，在这些国家取得了数量众多的新发现，您都是怎么处理这些发现的呢？

1804 年返回欧洲后，我就开始整理我的标本。我把历次旅行的研究所得汇总在 34 本书里。我想从整体上理解大自然及其力量，所以我的作品包含了火山学、地磁学、天文学、植物学、动物学、民族学、农学、采矿学，还有气象学和海洋学方面的知识。

87 岁高龄的亚历山大·冯·洪堡在他位于德国柏林的大型图书馆里。

天哪！那您又花了 5 年时间来完成您的游记吗？

不，是 30 年。我将我不算菲薄的家产全部都投入到了这部书的撰写中。但是为了科学，任何牺牲都是值得的。现在……我可以读一小段我的日记了吗？

当然啦！

"整整四个月我们都睡在树林里，被鳄鱼、蟒蛇和美洲豹包围着……没什么能比大米、蚂蚁、木薯、香蕉、奥里诺科河的水和时不时出现的猴子更令人感到高兴了。在圭亚那，空中密密麻麻的都是蚊子，人们在这里必须把头和手都紧紧包裹起来。白天完全没办法写什么，昆虫咬过的地方刺痛难忍，根本就没法好好握住笔。"

——旅行日记（1800 年）

▶ 你知道吗？

1992 年，登山家莱因霍尔德·梅斯纳尔配备了先进的设备，沿着亚历山大·冯·洪堡走过的路线穿越了安第斯山脉。他非常敬佩洪堡："在差不多 200 年前，仅靠一根登山棒就第一个登上了 6 座安第斯山脉的高峰。他真是一位令人敬佩的前辈，一个令人叹为观止的榜样！"

贴近
自然的原貌

今天，如果人们想把什么东西记录下来，摄像或者拍照是很常见的选择。只需轻触一下手机上的拍摄键，图片就保存了下来。但是在照相技术还没被发明出来的地理大发现时代该怎么办呢？当时的人们会选择将他们所看到的环境和新发现的事物，无论是植物、动物，还是化石，都用笔描绘下来。所以，当时的探险队在出发时都会带上一位既训练有素又懂得自然科学的画师。他用铅笔、墨水和水彩将研究人员采集到的东西描摹下来。很多标本在送回欧洲的途中就已经死亡，因此，画作可以让更多的人了解到遥远异国的自然风貌。

玛利亚·西比拉·梅里安（1647—1717）

荷兰在南美洲曾有一块殖民地——苏里南，梅里安在那儿描摹了很多昆虫的各个生长阶段以及它们所寄居的植物的图画。

哪种蝴蝶生活在石榴丛中？

亚历山大·冯·洪堡（1769—1859）

洪堡渴望用画笔保留南美洲"鲜活的热带世界"。他也是一名十分出色的画师。

洪堡堪称那个时代最博学的人。

洪堡所画的植物、动物，比如这个红吼猴，都十分逼真，贴近自然的原貌。

不可思议！

一些我们今天十分常见的植物其实是从国外引进的，比如橡胶树（来自东南亚）和天竺葵（来自南非）。

约翰·古尔德
（1804—1881）

他是英国鸟类学家。他致力于研究澳大利亚的野生动物，并用数百页彩色版画将其呈现出来。

1865年，古尔德将这种鸟命名为"澳洲鹤"。

几维鸟是一种夜间活动的鸟类，生活在新西兰。夜晚的时候，人们在几千米外都能听到它们尖利的鸣叫声。

惊人的细节

其实，跟拍摄的照片相比，人们能从画师笔下的动植物上看到更多的细节。因为画家知道自己在画什么：兽皮、羽毛、器官、骨头，还是根、茎、叶。因此，他会突出某种动物或植物的某个重要特征，这甚至比相机拍的照片更好。直到今天，生物学学生为了更好地认识某种动物或者植物，还是会选择画下它们。

➡ 你知道吗？

18世纪时就已经有"植物猎人"了，因为当时的贵族们热衷于收集植物。来自世界各地的经济作物、药用植物、观赏植物越是具有异域风情，就越受到追捧。一些植物园，比如位于伦敦的英国皇家植物园——邱园，就摆满了植物猎人从遥远异国带回来的各种植物。

西德尼·帕金森（1745—1771）

他参加了詹姆斯·库克的第一次考察航行，画下了大约1000种南太平洋岛屿上的动植物，比如面包树和袋鼠。他还给岛上的居民画了像。

毛利酋长和他标志性的面部刺青。

哥伦比亚河

黑脚

曼丹堡

克拉特索普堡

黄石河

太平洋

北美地区

在这里，瀑布的急流和落差让船无法通航。

密苏里河

密西西比河

圣路易斯

纽约

孟菲斯

大西洋

密苏里河因携带太多泥浆而被称为"大泥河"。

考察队的一艘 18 米长的小艇。这艘船吃水很浅，非常适合在密苏里河这样平缓的河流中航行。

从密苏里河到太平洋

印有梅里韦瑟·刘易斯（1774—1809）和威廉·克拉克（1770—1838）头像的一美元纪念币。

1803 年，美国从法国手里买下了美洲中部的一大块土地——路易斯安那。但是，没有人了解这块位于密西西比河西边的土地。这是一块富饶的耕地吗？山脉的高度是多少？有可以通航的河流吗？这块土地对于美国来说有什么价值？为了找到答案，当时的美国总统托马斯·杰弗逊派遣一支考察队横跨这片大陆，翻过落基山脉，一直到达了太平洋。

逆流而上穿越荒地

1804 年 5 月，这支探险队从密苏里河畔的圣路易斯出发。两名年轻的军官梅里韦瑟·刘易斯和威廉·克拉克共同领导着这支由 3 艘船、40 多人组成的队伍。途中，克拉克绘制地图，刘易斯搜集并画下他们从未见过的动植物。其实，那些动物和植物对于美洲的原住民来说已经司空见惯了，但这些白人还是第一次见到叉角羚、刘氏啄木鸟、草原犬鼠和大褐熊。

威廉·克拉克的旅行日记。这一页描绘了一条河流的走向，其右侧是连绵的低地。

大平原

9 月的时候，这一行人到达了大平原，也就是落基山脉以东的北美大草原。那儿的景象令他们兴奋不已：放眼望去，尽是牛群和鹿群。在那里，刘易斯和克拉克还遇见了西部的苏族印第安人。双方见面时，相互间非常不信任。克拉克在他的日记中写道："大约出现了 200 个人，差不多半小时后，他们又折返了回来。约有 60 个人彻夜守候在河边，酋长们一整夜都在监视我们。刘易斯上尉和我认为这是一个警告，也表明了他们的意图。他们的目的是阻止我们继续前进，并寻找机会抢劫我们的财物。我们一整夜都保持着戒备。"

严冬打断考察

寒冷的冬天让探险队不得不暂时停了下来。今天北达科他州冬天的气温也会降到 -40℃，我们可以想象一下当时的气温。为了度过这个冬天，探险队建立了一个冬季营地——曼丹堡，并且在那里一直待到 1805 年 4 月。当可以再次启程时，他们决定让一小队人员先行折返，把目前的发现汇报给杰弗逊总统，而剩下的人则继续考察密苏里河。

无法通航的水道

靠近密苏里河大瀑布的时候，3 条船已经没法继续前进了。他们不得不扛着装备，拖着

萨卡加维亚（她被誉为"鸟般的妇人"）是一位北方首首尼族印第安妇女，她作为探险队的翻译兼向导发挥了不可或缺的作用。

船绕过大瀑布。这意味着他们要绕行约 40 千米的路程。在耗时一个月之后，他们才得以继续乘船前进，但最艰难的旅程还在后面——落基山脉，一座巨大的岩石山脉。

在落基山脉陷入困境

到了山区，船就没有用了。于是，他们从当地的首首尼族印第安人那里换来了马匹，用来运送他们的行李。但是冰雪覆盖的落基山脉比想象中的还要高，他们的食物储备快要耗尽了，几日来的狩猎也是一无所获。但他们还是支撑了下来，一行人沿着克利尔沃特河、蛇河以及哥伦比亚河，到达了北美西海岸。

看到大海了！

1805 年 11 月 7 日，他们终于真正抵达了太平洋的海岸，威廉·克拉克在他的日记中激动地写道："营地中一片欢腾。大海就在我们眼前，一望无际的太平洋，我们渴望已久的太平洋啊……"

"我看到水沫像烟柱一样在平原上升腾起来，但它们通常过一会儿就消失了，可能是被强劲的西南风所吹散了。尽管如此，我还是下令朝前驶去，很快就在那里听到了雷鸣般的声音。毫无疑问，除了密苏里河大瀑布外，再不会有什么能发出如此巨响了。"

——刘易斯的日记，
1805 年 6 月 13 日

➡ 纪录
6 500 千米

这支探险队沿着密苏里州行进了 6 500 千米。

探索未知的 非洲大陆

蒙戈·帕克不仅仅是一名医生，他还对植物学和天文学很感兴趣。因此，他能够对新发现的地方进行准确定位。

"当极目远眺时，我怀着无尽的欢乐看到了此行的伟大目标——苦寻已久的威严的尼日尔河。它在晨光中闪闪发光，缓缓东流，宛如流经威斯敏斯特的泰晤士河。"

——蒙戈·帕克的
《深入非洲腹地的旅行》

欧洲的探险家们往往沿着河流，深入内陆去探索陌生的地域，但是非洲大陆的河流入海口却无法通行。陡峭的海岸、危险的沙滩以及瀑布都阻断了航路，他们无法穿过热带雨林，也没办法跨越干旱缺水的巨大沙漠。而且，自公元 700 年开始，北非就被信仰伊斯兰教的苏丹所控制，他们不允许基督教徒进入自己的领地。所以，当时的欧洲人只能在非洲的沿海城市进行黄金、象牙和奴隶的交易。

探索非洲的一名苏格兰人

尼日尔河的流向非常独特，那像回旋镖一样的形状令欧洲人十分好奇。1795 年，非洲协会派遣苏格兰医生蒙戈·帕克（1771—1806）去探索这条神秘河流的走向。帕克只带了少量人马，就从冈比亚出发向东前进了。

在半路上，他被当地人抓了起来，但他后来成功逃了出来。不过，他也因此失去了自己所有的装备，此后不得不靠乞讨维生。1796 年 7 月 21 日，他终于抵达了尼日尔河。此后数周，帕克一直沿着这条河流前进，直到雨季到来，他才不得不折返回去。当蒙戈·帕克于 1797 年回到家乡苏格兰时，人们都震惊于他还能在这次非洲之旅中幸存下来。

第二次探险会成功吗？

1805 年，帕克再次接受英国政府的委托，前往尼日尔河。这次，他的队伍由 45 个欧洲人组成。但是他们又碰上了雨季，道路泥泞不堪，很多人都死于疟疾和痢疾。不过，帕克还是成功地带领一小部分人到达了尼日尔河。在那儿，他们造了一艘小船，驾船去寻找尼日尔河的入海口，但他们在布萨急流附近失去了踪迹。可能是他们的小船在急流中倾覆，所有人都淹死了，也有可能是帕克及其手下在与当地人的冲突中全部丧生了。

在第一次非洲之旅中，蒙戈·帕克由于染上热病，在格马利亚村待了 7 个月。他在那儿研究了原住民的生活方式。

**→ 纪录
20 000 千米**

海因里希·巴尔特在穿越撒哈拉沙漠的伟大探险中，总行程达到了 20 000 千米。

海因里希·巴尔特穿着北非人的服装在传说中的城市通布图前。

海因里希·巴尔特

他主张摒去偏见，与非洲的伊斯兰教学者探讨问题。他的游记中包含了许多关于这块土地的详尽信息。

理查德·弗朗西斯·伯顿

他会说阿拉伯语、斯瓦希里语和 7 种亚洲语言。

约翰·汉宁·斯皮克

他创立了一套种族主义理论，用来为他们在非洲的殖民统治辩解。

走进撒哈拉的德国人

德国科学家海因里希·巴尔特（1821—1865）的非洲之旅是行程最远的考察探险之一。1849 年至 1855 年，他带领一支很大的考察队自北向南穿越了酷热、辽阔的撒哈拉沙漠。他还到达了乍得湖和传说中的城市——尼日尔河畔的通布图。巴尔特沿途学习了 7 种非洲语言，还向其他科学家描述了他从的黎波里到通布图的所见所闻：非洲西部的民族、伊迪宁山和古老的岩画。

探寻尼罗河的起源

1857 年，英国人理查德·弗朗西斯·伯顿和约翰·汉宁·斯皮克一同前往东非进行考察。他们都想探寻尼罗河的起源。1858 年 2 月 13 日，两人发现了坦噶尼喀湖，伯顿认为它就是尼罗河的发源地。随后，伯顿因为染病无法行动，斯皮克决定独自去探险。斯皮克在旅途中发现了比坦噶尼喀湖更大的维多利亚湖，他认为维多利亚湖才是尼罗河的发源地。于是，在返回伦敦后，他就立刻宣布了这一消息。这一举动导致这两位探险家之后终生敌对。但是，其实他们都没有发现尼罗河的真正起源。

→ 你知道吗？

在长达 350 年的时间里，非洲的黑奴贸易对欧洲人来说都是举足轻重的买卖。残暴的奴隶贩子甚至还劫掠村庄。数以百万计的非洲人被虐待、被强行掳往美洲殖民地。1807 年，英国第一个废除了奴隶制。

斯皮克是想阻止奴隶贩子殴打这位妇女吗？

大卫·利文斯通的考察探险

大卫·利文斯通

他是一名传教士，也是一名医生。他试图找到能作为商路的河流，与非洲内陆建立贸易关系。他认为，这样就能够阻止奴隶贸易，并在那里传播基督教。但实际上，他的考察探险恰恰帮助了英国的殖民统治在非洲扩张。

最著名的非洲探险家当属大卫·利文斯通（1813—1873）。他一生中有超过30年的时间都在研究非洲的"黑暗之心"——当时欧洲人对非洲大陆内部的称谓。在他的4次考察中，他走过的水路及陆路总里程超过47 000千米，足可以绕地球一圈多。

穿越卡拉哈里沙漠

在利文斯通的第一次非洲之旅（1849—1851）中，他由南向北穿过卡拉哈里沙漠一直到达了恩加米湖。由于利文斯通的描写，恩加米湖此后成了鱼类学家和鸟类学家向往的旅行目的地。恩加米湖里生活着各种各样的奇异鱼类，湖边还有鹈鹕、火烈鸟、白鹭和朱鹭。

横跨非洲

在利文斯通的第二次非洲之旅（1853—1856）中，他成了第一个自西往东横越整个非洲的欧洲人。他从非洲的罗安达出发，乘船顺着赞比西河寻找通往东海岸的路线，沿岸有牛为他驮运物资。赞比西河流穿过茂密的雨林，途中有一道道急流，岸边也潜伏着许多鳄鱼，

利文斯通（1849—1851）
利文斯通（1853—1856）
利文斯通（1858—1864）
利文斯通（1866—1871）
史丹利（1871—1872）
史丹利（1874—1877）

非洲
印度洋
大西洋
尼罗河
维多利亚湖
坦噶尼喀湖
刚果河
巴加莫约
马拉维湖
赞比西河
克利马内
开普敦
好望角

非洲人称维多利亚瀑布为"烟雾咆哮之地"。当阳光照在细密的小水滴上时，一条彩虹就会映照在空中。

"我猜，您就是利文斯通博士吧？"这是亨利·莫顿·史丹利找到失踪的利文斯通时发出的第一句问候。

你知道吗？

虽然利文斯通反对奴隶制，但他还是会和奴隶贩子同行，因为他们最熟悉贸易路线。一路上，这位探险家目睹了人贩子的许多暴行。

由于染病，利文斯通身体很虚弱，他不得不让别人抬着自己前进。

这让他们的前进过程十分艰难。

半年后，这支考察队不得不返回到大西洋畔的罗安达。尽管利文斯通此时已经精疲力尽，还患上了疟疾，但他还是很快重新启程，前往赞比西河。1855 年底，他终于站在了一道 110 米高的大瀑布之前，并以英国女王的名字将其命名为"维多利亚瀑布"。1856 年 5 月 20 日，戴维终于抵达了印度洋。

为什么他的第三次非洲之旅失败了？

回到英国后，大卫·利文斯通受到了英雄般的礼遇。之后，他又开始了第三次非洲之旅：乘坐一艘蒸汽船远征赞比西河。考察队此行的目的在于绘制赞比西河中部的地图，并且与当地居民建立联系。他们想知道，他们可以与当地人开展贸易吗？那里有英国需要的原材料吗？

但是，利文斯通第一次沿赞比西河航行的时候，绕过了卡霍拉巴萨地区的急流，选择了陆路。所以，等第二次到了这里，他们才发现，这艘蒸汽船无法通过这个地方。在这次旅途中，很多同行的人，如利文斯通的太太玛丽女士，都死于过度劳累和疟疾。

揭秘尼罗河

利文斯通第四次非洲之旅的目的还是探寻尼罗河的源头。他穿过马拉维湖西边的陆地，到达了坦噶尼喀湖。

此时，雨季再次到来。这位探险家染上严重的热病，只能让人用吊床抬着继续前进。但他仍然没有放弃，最终，他穿过谦比西河和卢安瓜河，发现了姆韦鲁湖和班韦乌卢湖。只是，他仍然没有找到尼罗河的源头。

救援与死亡

当利文斯通艰难地到达阿拉伯人的定居点乌吉吉时，他已经精疲力尽，且身无分文。此后两年中，他与外界失去了联系。当时人们都以为他失踪或者已经去世了。但是 1871 年 10 月 28 日，一位美国记者亨利·莫顿·史丹利在非洲找到了他的下落。等利文斯通可以重新站起来后，两人又出发，前往坦噶尼喀湖北岸，继续寻找尼罗河的源头，但仍然一无所获。尽管如此，他还是拒绝返回英国。最终，他死在了非洲。当地人将他的遗体送到了海边，以便运送回英国，但是他的心脏被埋葬在了非洲的土地上。

利文斯通说过："我的心属于非洲。"为了证明这一点，他让人在他死后，将他的心脏埋葬在非洲的这棵树下。

创纪录的 北极之旅

1895 年 3 月 14 日，"弗雷姆号"船员连同 3 架雪橇、28 只雪橇犬、2 艘皮艇在出发前的合影。

弗里乔夫·南森（1861—1930）是一名挪威外交官和动物学家。他还发明了用于海洋研究的仪器。

1900 年左右，世界上很多未解之谜都有了答案，但严寒的极地荒原仍然遥不可及。许多人都为寻找前往极地的东北航道和西北航道献出了生命，然而这些牺牲并没有换来成功。那些对人类而言极其危险的地区仍然吸引着无畏的冒险者们，他们为争夺发现者的荣誉而展开角逐。每个人都想成为第一人。

乘雪橇跨越冰盖

挪威动物学家弗里乔夫·南森因他两次不可思议的探险而闻名。1888 年夏天，他带领其他五人乘雪橇自东向西，横跨了格陵兰冰盖。之后，这一行人在格陵兰西海岸度过了冬天。在那里，南森研究了当地因纽特人的语言和生活方式。

搭乘浮冰

很多人都觉得南森的下一个计划太疯狂了。南森认为，有一股洋流将极地冰从东西伯利亚带到了北海，并最终到达格陵兰。那为什么不搭乘这些浮冰前进呢？于是他找人特制了一艘能承受浮冰撞击的船只，命名为"弗雷姆号"。1893 年 9 月，终于到了出发的时刻。北西伯利亚海岸前的海洋已经结冰了。浮冰牢牢抓住了"弗雷姆号"，拖着它摇摇晃晃地前行。有时候浮冰间碰撞的声音太大，船员们都不得不靠大喊来交流。他们还沿途测量了水深、温度和洋流。但比起向北航行，"弗雷姆号"向西移动的速度更快。于是，南森决定只带一个队员，乘雪橇和独木舟前往北极。他们一共向北走了 368 千米，创造了当时的最高纪录！

谁是第一个到达北极的人？

1909 年，来自美国的罗伯特·埃德温·皮尔里（1856—1920）率领一支经过精心准备的探险队，成功开辟了通往北极的道路。但他真的是到达北极的第一人吗？还是偏差了 320 千米？直到今天这个问题都尚无定论。

尽管穿着软和而又温暖的兽皮，雄心勃勃的罗伯特·埃德温·皮尔里还是被冻掉了 8 个脚趾。

阿蒙森

"5 只粗糙的、冻伤的手……一起举起飘扬的国旗，将它插了下去。"罗阿尔德·阿蒙森成为第一个到达南极的人。

斯科特 →

他们的马匹死了之后，斯科特一行人不得不自己拉着剩下的装备和口粮前进。

征服南极的竞赛

　　1900 年前后，研究者们发现冰雪覆盖的南极洲是一块独立的陆地，面积约为澳大利亚的两倍！当时只有捕捉鲸和海豹的猎人才敢前往这个寒冷又荒芜的地方。1911 年，来自挪威的罗阿尔德·阿蒙森（1872—1928）和英国的罗伯特·福尔肯·斯科特（1868—1912）同时向南极进发了。谁会成为到达南极的第一人呢？

罗阿尔德·阿蒙森的胜利

　　阿蒙森从因纽特人那里学会了如何在北极生存。于是，他选择滑雪板、狗拉雪橇和 52 只受过专业训练的狗作为运输工具，以穿越从营地到南极点的 3 000 千米。这支五人小队沿途要经历暴雪、大雾和冰隙的考验。他们仅用 4 天就翻越了横贯南极洲的高大山脉。12 月 14 日，他们忍受着冻疮的痛苦折磨，终于成功地站在了地球的最南端。1912 年 1 月 25 日，在经历 99 天的冒险之旅后，他们安然无恙地回到了大本营。

被冰雪征服

　　来自英国的罗伯特·福尔肯·斯科特选择了小马和机动雪橇作为交通工具。但是他的选择被证明是一个致命的错误，机动雪橇的发动机被冻住了，小马也因为没有干草作为食物而饿死。而且由于比狗更重，马很快就陷入了齐腹深的雪地里。尽管如此，斯科特还是到达了南极点，但是比阿蒙森晚了 5 个星期。当看到插在南极点的挪威国旗时，他失望至极。在危险的返程中，他们遇到了持续数日的暴风雪，而且由于他们在来程时建立的补给点间距太远，在距离下一补给点还有 18 千米时，斯科特就已经精疲力尽。3 月 29 日，他最后一次写下了日记。8 个月之后，救援队找到了他们僵硬的遗体。

"我们的处境开始变得艰难。狂风使我们白天也只能蜷缩在睡袋里。……这已经是我们离开极点之后的第二场暴风了，它一点也不令我开心。还会来一次恶劣天气吗？但愿上帝能帮帮我们！穿越高原的路途太可怕了，我们的食物也不够了。"

——罗伯特·福尔肯·斯科特的日记

极限探险

登上珠穆朗玛峰后，希拉里和丹增开心地笑了。

"第三极"在哪里？

1953年5月29日11点30分，丹增·诺盖和艾蒙德·希拉里（1919—2008）成功登上了珠穆朗玛峰。这座喜马拉雅山脉的主峰（8 848.86米）因其极端的高度和寒冷被称为"第三极"。

深入地下的洞穴探险

尽管所有的陆地都已经被发现了，但是地球上还有很多事物等待着被探索。还有什么一直被人们所忽略的地方吗？当然，那就是地表以下的区域！从1957年到2010年，潜水员和洞穴学家勘探出了施瓦本汝拉山的整个溶洞系统。这个蓝色洞穴藏在一条灌满水的通道后面，长达4.9千米，里面有许多钟乳石洞。

溶洞深藏在一条地下水道的后面。

地下宝库

并不是所有发现都是由探险家来完成的，墨西哥北部的奈卡水晶洞就是矿工们意外发现的。在那个洞里有世界上最大的水晶：长达14米，重达50吨。因为这个洞穴是封闭的，所以它里面的环境在35万年里都没有改变。这样，里面才有生长出世界上最大水晶的条件。

这个水晶洞里又湿又热。研究人员们在里面最多只能待50分钟。

深海探险

想成为探险家的人在海洋生物学方面还有大量的机会。因为地球表面上的绝大部分区域都被海洋覆盖着，直到今天也只有很小一部分的海底被精确地探测过。我们对月球和火星构成的了解甚至都要超过我们对海底的了解。巨大的水压、寒冷以及极度的黑暗都使得深海探险十分困难。人们相信，那儿生活着无数的动物、植物和细菌。深海里还有太多的东西等待着被发现！

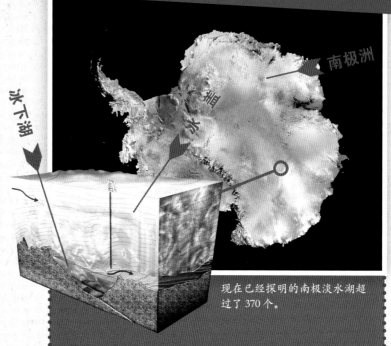

现在已经探明的南极淡水湖超过了 370 个。

冰下湖泊

科学家在 1996 年借助雷达探测证明，南极的冰盖下存在着液态的淡水湖。其中最大的是沃斯托克湖，面积接近中国北京市的总面积。为什么在冰冷的极地环境下还存在液态的淡水呢？一是因为这个淡水湖海拔特别低，地球内部的热量可以为其供暖。二是因为来自上方冰盖的压力太大，以至于水的冰点都降低了。沃斯托克湖的湖水在 −3℃的时候都仍然是液态。

这种鱼看起来很可怕，但是一只雄性的鮟鱇鱼其实只有 8~16 厘米长。

莱因霍尔德·梅斯纳尔与他的雪橇在南极的合影。

南极洲的风驰电掣之旅

1989 至 1990 年，阿尔维德·福克和莱因霍尔德·梅斯纳尔驾驶雪橇穿越了南极洲。他们用一架 130 千克重的雪橇来运输装备。1989 年 12 月 30 日，两人站在了南极点上。他们在美国设立的南极科考站，与科学家们一起欢度了一年中的最后一天，并好好休息了一番。当他们沿着斯科特在南极探险的路线航行时，福克和梅斯纳尔拉起了风帆，顺风的时候，他们每天可以前进 100 千米！

极限深潜！

1960 年，瑞士工程师雅克·皮卡德（右）和美国军官唐·沃尔什（左）乘潜水器"的里雅斯特号"前往位于太平洋的马里亚纳海沟，他们到达了深度位于海平面以下约 11 千米的位置。

沃尔什和皮卡德在潜水器上。他们在 1960 年创造的深潜纪录迄今仍无人能够打破。

名词解释

这个袖珍指南针是一个非常重要的助手，刘易斯和克拉克在穿越北美时曾使用过它。

南 极：由覆盖冰雪的南极洲大陆和附近海域组成，是世界上最大的白色荒漠。

人类学：研究人类的学科。

赤 道：一条假想的分界线，将地球等分为南半球和北半球两个部分。

考古学：研究古代文化、探索人类文化发展史的学科。

北 极：北极点周围的地区。包括北冰洋、北亚、北美和北欧的部分地区。

内 海：陆地与陆地之间的狭窄海域，通过海峡与大洋相通。

植物学：研究植物的学科。

航海精密计时仪：一种特别精确的钟表，专门用于海上定位。

潮 汐：一种由月球的引力引起的海水运动，在海洋沿岸地区尤其明显。

浮 冰：因较大的冰块破裂而产生的较小的、漂浮着的冰块。

探 险：前往遥远、陌生区域的探索及研究之旅。

旗 舰：船队中指挥前进方向的船。

入海口：河流流入海洋的地方。

冰 川：分布在高山和两极地区的冰体，是地球上最大的淡水资源。

十字测天仪：一种用于测量太阳或星星角度的工具，可用于计算距离。

合恩角：南美洲最南端。

卡拉维尔帆船：一种在15世纪被发明的船型，适合远洋航行，逆风也可以行驶。

殖民主义：指一个国家用某种手段使某个国家或地区变为其殖民地、半殖民地的一种侵略政策。

指南针：一种利用地球磁场指示方向的导航工具。

珊瑚礁：由大量珊瑚聚集形成的一种结构。

航海日志：用于记录所有重要事件以及航速、航线等数据的记录簿。

麦哲伦海峡：一条位于南美洲最南端的海峡，连接了大西洋和太平洋，得名于它的发现者费迪南德·麦哲伦。

疟 疾：一种由蚊子传播的热病。

海 军：以舰艇部队为主体，能在水面、水下和空中作战的军种。

哗 变：多指军队或远洋船只上的船员突然造反、叛变。早先，大多数叛变者都会被处以死刑。

导 航：在水中、陆地上以及空中掌握航行方向的技术。操控方向之前要查明当前所在的位置，还有到达目的地的最佳路线。

大 洋：地球上的大片海水。

冰 障：由浮冰聚集而成，会挡住要通行的船只。

法 老：古埃及的君主。

极 点：一个星球最南端和最北端的点。连接两个极点所构成的轴线就是该星球的自转轴。

极 光：地球极地地区的一种彩色发光现象，由太阳风暴引起。

撒哈拉沙漠：世界上最大的沙质荒漠，从非洲的大西洋海岸一直延伸到红海。

雪 脊：一种雪地中因风力而形成的坚硬沟纹。

斯堪的纳维亚：欧洲北部的一个半岛，岛上有瑞典、挪威和芬兰3个国家。历史上，丹麦和冰岛也属于斯堪的纳维亚。

维生素C缺乏症：过去海员们常患的一种疾病。

三体船：一种有三个船体的船只。

水 道：可通航的河流或者运河，可以借助它们穿越陆地。

动物学：研究动物的学科。

内 容 提 要

　　本书介绍了人类历史上著名的探险事件与探险家，正是那些探险家，让现在的人们对世界有了更完整、准确的认识。《德国少年儿童百科知识全书·珍藏版》是一套引进自德国的知名少儿科普读物，内容丰富、门类齐全，内容涉及自然、地理、动物、植物、天文、地质、科技、人文等多个学科领域。本书运用丰富而精美的图片、生动的实例和青少年能够理解的语言来解释复杂的科学现象，非常适合 7 岁以上的孩子阅读。全套图书系统地、全方位地介绍了各个门类的知识，书中体现出德国人严谨的逻辑思维方式，相信对拓宽孩子的知识视野将起到积极作用。

图书在版编目（CIP）数据

　　伟大的探险家 /（德）卡琳·菲南著 ；谭渊，刘梦奇译 . -- 北京 ：航空工业出版社，2022.10
　　（德国少年儿童百科知识全书 ：珍藏版）
　　ISBN 978-7-5165-3040-5

　　Ⅰ . ①伟… Ⅱ . ①卡… ②谭… ③刘… Ⅲ . ①探险－世界－少儿读物 Ⅳ . ① N81-49

　　中国版本图书馆 CIP 数据核字（2022）第 075187 号

著作权合同登记号
图字 01-2022-1321

GROSSE ENTDECKER Ihre Reisen und Abenteuer
By Karin Finan
© 2015 TESSLOFF VERLAG, Nuremberg, Germany, www.tessloff.com
© 2022 Dolphin Media, Ltd., Wuhan, P.R. China
for this edition in the simplified Chinese language
本书中文简体字版权经德国 Tessloff 出版社授予海豚传媒股份有限公司，由航空工业出版社独家出版发行。
版权所有，侵权必究。

伟大的探险家
Weida De Tanxianjia

航空工业出版社出版发行
（北京市朝阳区京顺路 5 号曙光大厦 C 座四层　100028）
发行部电话：010-85672663　010-85672683
鹤山雅图仕印刷有限公司印刷　　　　全国各地新华书店经售
2022 年 10 月第 1 版　　　　　　　　2022 年 10 月第 1 次印刷
开本：889×1194　1/16　　　　　　　字数：50 千字
印张：3.5　　　　　　　　　　　　　定价：35.00 元